山西大同大学专著出版基金资助出版

室内声场脉冲响应的测量

杨春花　著

北　京
冶　金　工　业　出　版　社
2010

内容提要

本书系统地介绍了声场脉冲响应测量的原理及应用中的一些问题。全书共分8章，内容包括建筑声学与声场脉冲响应的一般概念和原理；声场脉冲响应测量的研究背景、国内外的发展过程；运用 m 序列法测量声场脉冲响应的原理及应用中的一些问题；声场脉冲响应的多通道测量等问题。本书立足于基础理论，反映了运用 m 序列法测量脉冲响应研究的最新进展。

本书可供建筑声学设计、音质评价等方面的工程技术人员阅读参考。

图书在版编目(CIP)数据

室内声场脉冲响应的测量/杨春花著.—北京：冶金工业出版社，2010.5

ISBN 978-7-5024-5266-7

Ⅰ.①室… Ⅱ.①杨… Ⅲ.①室内声场—脉冲计量
Ⅳ.①TU112.2

中国版本图书馆 CIP 数据核字(2010)第 074746 号

出 版 人　曹胜利

地　　址　北京北河沿大街嵩祝院北巷39号，邮编 100009

电　　话　(010)64027926　电子信箱　postmaster@cnmip.com.cn

责任编辑　杨盈园　美术编辑　张媛媛　版式设计　孙跃红

责任校对　刘　倩　责任印制　牛晓波

ISBN 978-7-5024-5266-7

北京百善印刷厂印刷；冶金工业出版社发行；各地新华书店经销

2010年5月第1版，2010年5月第1次印刷

850mm×1168mm　1/32；6.5印张；174千字；194页

25.00 元

冶金工业出版社发行部　电话：(010)64044283　传真：(010)64027893

冶金书店　地址：北京东四西大街46号(100711)　电话：(010)65289081

（本书如有印装质量问题，本社发行部负责退换）

前　言

在室内声场脉冲响应测量中，脉冲响应反向积分法应用了现代数字处理技术，具有使用方便、快捷的优点。*m* 序列法是近几十年来得到广泛应用的一种改进的脉冲响应积分法，与其他常规的测量方法相比较，这种方法还具有较强抗背景干扰的优点。*m* 序列法的这种优越性使得它在短短的几十年时间内得到了长足的发展，并成功地应用于实际测量。然而，每种成熟的技术都是在不断的探索完善中发展起来的，*m* 序列法也不例外，它也有其局限性，对其进行不断的研究改进是必然的。

本书比较全面地介绍了 *m* 序列法的基本原理，在此基础上着重研究了 *m* 序列法对非线性干扰的抑制能力，提出了增强非线性抑制能力的方法；在本书的最后章节中还研究了声场脉冲响应的多通道测量问题。希望本书的出版能对室内声学测量的研究贡献微薄之力。

由于作者水平所限，本书中不妥之处在所难免，望读者不吝指正。

本书的出版由山西大同大学专著出版基金资助，特此表示感谢。

作　者

2010 年 3 月

目　录

1 声场脉冲响应与建筑声学

1.1 建筑声学概述

声学是物理学的一个分支，建筑是一门重要的工程技术，而建筑声学则是一门边缘学科，它体现了建筑与声学之间的密切关系。声学有益于建筑，建筑也需用声学。建筑声学技术已经有了一百多年的历史，在国内外城市建设中建造了不少音质优良的厅堂，也提供了大量安静的人居环境。早在470多年前，我国明代建造的闻名于世的北京天坛回音壁就很好地将声学与建筑融合在一起成为旅游胜景。

建筑是凝固的音乐，建筑与声音有着十分密切的关系，不同类型的建筑对声音有不同的要求。如，在音乐厅内要求声音要有足够响度、混响足够长，好的音乐厅应该低音丰满、高音明亮、层次丰富、音色饱满；歌剧、戏剧院则应听音清晰、混响适中、声场均匀；多声道立体声影院则强调混响短、立体声方位感强，声音响动动态范围大；录音室、播音室应声场均匀而扩散，声音清晰而绝对安静；而在家庭居室及宾馆客房则要求环境安静，不受楼内设备、邻里及室外交通噪声干扰等。

可以将建筑对声音的要求大致归纳为两种类型：第一类建筑如剧院、影院、音乐厅、录音播音室、体育馆、会议厅、多功能厅等都应具备优良的音质要求；而第二类建筑如居民住宅、宾馆客房、酒店餐厅、医院病房、单位办公室等则要求环境安静，不受噪声污染。对于第一类建筑，需要这些厅堂能够提供一个良好的听音效果。尽管在声音的主观听闻上有一定的差别以及在房间的不同位置上声音是有变化的，但对于整个房间来说，还是可以形成一个总的平均听觉印象。这个总的听觉印象就是常说的“音质”。“音质”虽然受到主观听音感受的影响，但是还是可以找到一些与主观感受一致的参量来描述房间的“音质”。

1895 年，年仅 28 岁的哈佛大学物理系最年轻的助理教授 W. C. Sabine 受命对校园包括新落成的 Fogg 艺术博物馆在内的若干音质缺陷的厅堂进行改造。他利用一支风琴管、一只秒表和耳朵，夜以继日地进行了一系列的研究工作，获得了有关混响时间 *RT* 与吸声量的经验曲线。但当时尚未能从混响时间的曲线图中得出明确的数学公式。1898 年秋天的一个晚上，苦思冥想的 Sabine 忽然疑团顿释，他意识到房间吸声量乘以混响时间 *RT* 是一个常数，这就是著名的 Sabine 混响公式。1900 年他发表了题为“混响”的著名论文，奠定了厅堂声学乃至整个建筑声学的科学基础。混响时间至今仍是厅堂音质的首要物理指标，Sabine 发现的混响公式一直沿用至今，为指导厅堂设计提供了科学依据。

Sabine 提出混响时间的定义一个世纪以来，混响时间一直是室内声学中的一个最重要、最稳定的指标。它不仅在音质评价方面，而且在材料声学性能的测试、噪声控制等许多领域都是最基本的参数，一直是被公认的、具有明确概念的、与主观感受良好相关的客观参数。混响时间的长短是判断封闭建筑内音质特点的一个重要的依据。混响时间适宜的建筑内，一般认为声音有混响感、丰满而有力。如果混响时间过长，给人的感觉是回声很强，声音清晰度会受到影响；而混响时间过短，则使声音显得干涩、不饱满。因此，对于不同功能的建筑，在设计时应当选择最为符合其功能的混响时间。一般而言，混响时间的取值范围是 0.03 ~ 10s。

在 1965 年，德国哥廷根大学的声学家 M. R. Schroeder 提出了基于室内脉冲响应函数的脉冲积分法（Schroeder 积分法）来测量混响时间，现在的测量都倾向于采用此方法。脉冲积分法测量混响时间是基于室内是一个声音传播的线性系统模型，事实上，由于封闭声场内声能密度、声压等参数都满足齐次性和叠加性原理，封闭空间、声信号源、声传播方式及接收器所构成的整体完全可以当作一个线性系统来处理，如图 1-1 所示，在声场中接收位置收到的由脉冲声源辐射的信号序列称为声场脉冲响应，如图中的 $h(t)$。

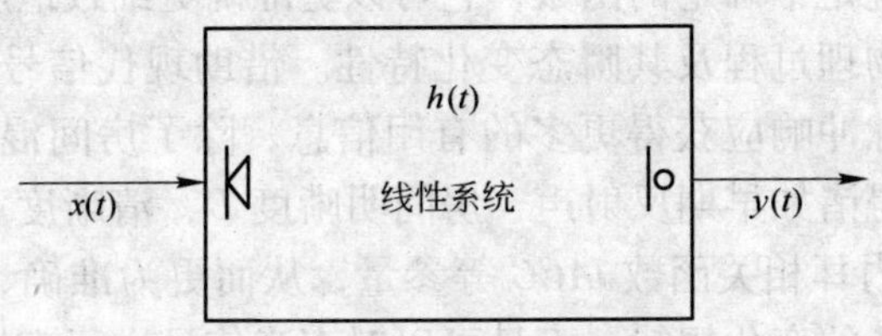

图 1-1 声音传播的线性系统模型

图 1-1 中 $x(t)$、$h(t)$、$y(t)$ 分别为该系统的输入信号（声源辐射的信号）、系统脉冲响应函数和输出信号（听众接收到的信号）。根据系统理论，对于给定的输入信号 $x(t)$，要想得到输出信号 $y(t)$，必须知道该系统的脉冲响应函数 $h(t)$，因为

$$y(t) = \int_{-\infty}^{+\infty} x(t-\tau)h(\tau)\mathrm{d}\tau \tag{1-1}$$

或在频域上有

$$Y(\omega) = X(\omega)H(\omega) \tag{1-2}$$

式中，$X(\omega)$、$Y(\omega)$、$H(\omega)$ 分别是 $x(t)$、$h(t)$、$y(t)$ 的傅里叶变换。

显然，确定每个系统输出信号的关键是求这些系统的脉冲响应函数。在室内声学中把这些系统脉冲响应函数称为声场脉冲响应（如无特别说明本书以下章节中都简称脉冲响应）。

根据式（1-1）可知，当 $x(t) = \delta(t)$ 时，$y(t) = h(t)$，即表明：当输入信号为单位脉冲信号时，输出信号就是单位脉冲响应函数。同一房间，声源到接收点的声场脉冲响应是唯一的，它包含了室内声场的所有声学特性。当输入信号为单位脉冲信号时，输出信号就是单位脉冲响应函数。也就是说，当声源为单位脉冲声源时，接收位置收到的信号就是声源至该点的声场脉冲响应。这就是获取声场脉冲响应的基本原理。

用脉冲响应函数的观点来分析室内声场有很大的优越性。由于它是给定房间的固有属性，即当声源与测点的位置固定时，δ 脉冲的响应是个确定的函数，它可以更准确更细致地反映室内声场衰减的物理过程及其瞬态变化特性。借助现代信号处理技术，可以通过脉冲响应获得更多的有用信息，除了房间混响时间外，还可以获得诸如早期反射声、房间明晰度 D，清晰度 C、声场强度 G 以及内耳相关函数 $IACC$ 等参量，从而更为准确、方便地描述房间声场的变化规律，而且可以对声音信号进行直接处理，使声学环境的影响（如方向、距离、空间感、空间外延等）包括在处理过的声音信号里（即声场模拟）。

1.2 几个常用的音质评价参数

在 Sabine 教授 1900 年发表题为“REVERBRATION（混响）”的论文之后的几十年里，虽然不断有人对混响公式作改进，但混响时间仍是室内音质评价的唯一指标。到了 20 世纪 50 年代，国外声学界掀起了一股提出新的室内音质物理指标的热潮。混响时间虽然仍是首选，但已不是唯一指标。后来的二三十年里，相继出现了清晰度（Definition）、早后期声能比、混响声能比级、重心时间、初始混响时间、早期衰减时间（Early Decay Time）、双耳重心时间、明晰度（Clarity）、声场力度、侧向效率、双耳互相关系数等声场评价指标。其中，除了混响时间（T_{60}）外，较为常用的还有早期衰减时间（EDT）、清晰度（D）、重心时间（T_s）、声场力度（G）、明晰度（C）等，本节给出这些参数的具体求解方法。

1.2.1 混响时间

混响时间是用来描述封闭声场内声音衰减快慢程度的物理量。它定义为：在扩散声场中，当声源停止辐射后从初始的声压级降低 60dB（相当于平均声能密度下降为初始时刻的 $1/10^6$）所需的时间。理论上讲，可以通过赛宾（Sabine）公式和依林

(Eyring) 公式求解混响时间，前提条件是声场必须满足扩散场的条件。

若已知空间的体积 V、表面积 S、平均吸声系数 α，则Sabine公式可表示为

$$T_{60} = 0.161 \frac{V}{S\bar{\alpha}} \tag{1-3}$$

依林公式为

$$T_{60} = 0.161 \frac{V}{-S\ln(1-\bar{\alpha})} \tag{1-4}$$

这两个公式的主要区别在于：Sabine 认为封闭声场内的声能是连续衰减的，而依林认为衰减曲线呈台阶形，即声波与界面碰撞一次就衰减一次。依林的这种假设更符合封闭声场的特点，因此，依林公式在计算精度上高于赛宾公式，特别是对于那些平均吸声系数较大（大于 0.2）的声场，其计算精度远高于赛宾理论。

对于满足扩散场条件的空间而言，上述理论方法一般能给出比较满意的结果。然而，实际的声场往往不符合扩散场条件。例如，如果房间的地板和天花板都是强吸声的，而侧墙为强反射，则垂直方向的声波衰减较快，水平方向则较慢，这就导致混响曲线出现曲折，因而也就无法通过一个单值来表示混响时间。实际的许多声场都存在类似的情况，如狭长空间（地铁、隧道、长廊等）内的声场，还有一些经过特殊吸声或反射处理的声场。这些情况下，理论方法的误差是比较大的。

当由于声场结构或界面特性使声场不符合扩散场条件时，可按照混响时间的定义，根据能量衰减曲线来计算。

1.2.2 能量衰减曲线

能量衰减曲线（Energy Decay Curve，简称 EDC）

$$E(t) = \int_0^{\infty} p^2(\tau)\,\mathrm{d}\tau \tag{1-5}$$

式中，$p(\tau)$ 为声压脉冲响应函数。根据它可以得到一系列描述声场的参数。

1.2.3 声压级

声压级从声压分布的角度直接来反映声场的特性，通过该参数可以了解声场内各点的声压大小和均匀程度。它与主观上对响度的感觉是对应的。声压级的具体定义为

$$L_{\mathrm{p}} = 20\lg(p_{\mathrm{o}}/p_{\mathrm{ref}}) \tag{1-6}$$

式中，p_{o} 是声压有效值，p_{ref} 是人耳能听到的最小声压，也称为参考声压。在空气中，该值一般取为 $2\times10^{-5}\mathrm{N/m^2}$。

1.2.4 清晰度和明晰度

对于一般的建筑，特别是语言类用途的建筑，声音的清晰度是非常关键的。与之相关的客观指标包括音节清晰度、语言传输指数、清晰度和明晰度等。其中，应用比较普遍的是后面的两个指标，这两个指标主要用于描述封闭声场内反射声的重要成分（也包括直达声）与其他反射声之间的关系。通常，这些重要成分是指 50ms 或 80ms 以内的反射声。

清晰度（Definition）的概念是由 Thiele 提出的，它定义为

$$D = \left[\int_0^{50\mathrm{ms}} E(t)\,\mathrm{d}t \Big/ \int_0^{\infty} E(t)\,\mathrm{d}t\right] \times 100\% \tag{1-7}$$

式中，$E(t)$ 是能量衰减曲线。

这一指标的含义是要用一个类似于“级”的定义方式，将前 50ms 内的反射能量、直达声与其余时间内的能量进行比较。研究人员研究了该指标与语言可懂度之间的关系，得出的结论是：两者之间确实存在明显的相关性（D 越大，对可懂度越有利）。

后来，为了研究音乐声在封闭声场内的传播特性，德国声学家 Reichardtt 等人又类似地定义了一个指标——明晰度（Clarity），即

$$C_{80} = 10\lg\left(\int_0^{80} E(t)\,\mathrm{d}t \Big/ \int_{80}^{\infty} E(t)\,\mathrm{d}t\right) \tag{1-8}$$

它反映的是前 80ms 内的声能与剩余时间内声能的关系。C_{80} 是直达声后 80ms 以前的早期能量与 80ms 以后的晚期能量之比。C_{80} 为 0dB，说明 80ms 以前的能量与 80ms 以后的能量相等。研究表明，$C_{80}=0$ 就表示主观明晰度感觉是满意的。根据近年对欧美一些剧院的分析可知，该指标一般应在 $-5\sim3$ 之间取值。目前，明晰度已经被越来越多的研究者所接受，特别是在音乐厅和剧院的声学设计与分析中得到了认可。

1.2.5 声强力度

声压级可以较好地反映封闭空间内的声场分布情况，但并不能直接反映声源的特性。为此，人们又引入了另一个指标——声场力度。其定义为

$$G = 10\lg\left(\int_0^\infty h(t)\,\mathrm{d}t \Big/ \int_0^\infty h(t)\,\mathrm{d}t\right) \tag{1-9}$$

式中，$h(t)$ 是某声源在实际空间中某点处的脉冲响应，而 $h_{10m}(t)$ 则是该声源在消声室中距其 10m 处的脉冲响应。

1.2.6 中心时间

中心时间

$$t_s = \int_0^\infty t\cdot E(t)\,\mathrm{d}t \Big/ \int_0^\infty E(t)\,\mathrm{d}t \tag{1-10}$$

Kurer 提出中心时间这一概念也是为了描述封闭声场内的语言可懂度。从他的研究结果来看（见图 1-2），语言可懂度是随

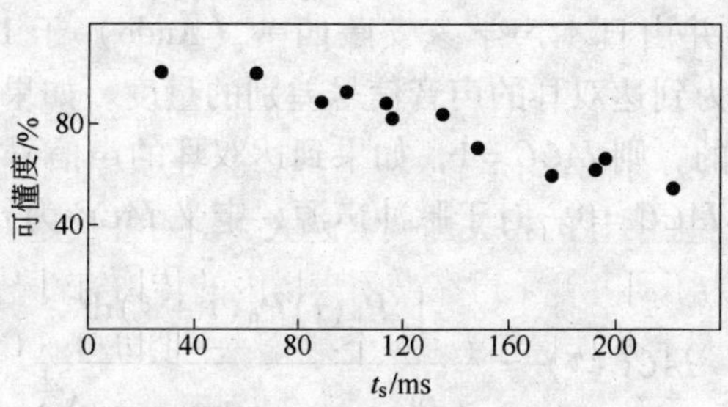

图 1-2 语言可懂度与中心时间的关系

着中心时间的延长而呈现下降趋势的。

为了简便，可以利用离散积分（积分求和），直接由声场脉冲响应（离散的序列）求得以上各式确定的参数值。这时，各式都需做相应的修改。即连续积分变为离散求和；连续函数 $E(t)$ 由离散函数 $e(t)$ 或 $p^2(t)$ 代替，$e(t)$ 为能量脉冲响应序列，$p(t)$ 为声压脉冲响应序列。

1.2.7 早期衰减时间

在对室内声学的研究中，人们重视的另一参数是早期衰变时间 *EDT*。在这段时间内，主要是早期反射声。人们早就发现，早期反射声对音质效果是有益的，因此，加大了对它的研究和关注。

早期衰变时间 *EDT* 定义（确切说应是物理意义）为

$$EDT = 6(t_{-15\mathrm{dB}} - t_{-5\mathrm{dB}}) \tag{1-11}$$

声源停止发声后，室内声场衰变过程早期部分从 0 ~ －10dB 的衰变曲线的斜率所确定的混响时间。*EDT* 是比较厅堂音质的重要参数。近年来许多研究证明，在 *EDT* 的时间内，早期反射声对音质的贡献是很大的。

1.2.8 双耳互相关函数

双耳互相关函数（*IACC*），是由南非学者凯特（Keet）于 1963 年提出并由日本声学家安藤四一（Ando）于 1985 年定义的。它是作为到达双耳的声音信号差别的量度。如果到达双耳的声音是相同的，则 $IACC = 1$，如果到达双耳的声信号是独立的随机信号，则 $IACC = 0$。对于脉冲声源，定义 *IACC* 为

$$IACC(\tau) = \frac{\int_{t_1}^{t_2} P_{\mathrm{L}}(t) P_{\mathrm{R}}(t+\tau)\,\mathrm{d}t}{\left(\int_{t_1}^{t_2} P_{\mathrm{L}}^2(t)\,\mathrm{d}t \int_{t_1}^{t_2} P_{\mathrm{R}}^2(t)\,\mathrm{d}t\right)^{\frac{1}{2}}} \tag{1-12}$$

式中，以 L 和 R 分别标示左、右耳鼓膜位置。变量 τ 在 -1 ~ +1ms之间变化，它近似等于声波到达左、右耳的时间差。当 t_1 取 5ms，t_2 取 80ms 时，标记为 $IACC_E$，可作为音质空间感的度量；当 t_1 取 80ms，t_2 取 3s 时，标记为 $IACC_L$，可作为混响声场扩散度或环绕感的一个度量。$IACC$ 关于 τ 的最大值称为最大的双耳互相关函数 $IACC_{max}$。其值越小，表明侧向的反射声线越多。

1.2.9　侧向效率

侧向效率

$$LE = \int_{25ms}^{80ms} p_s^2(t)\,dt \bigg/ \int_0^{80ms} p_k^2(t)\,dt \tag{1-13}$$

式中，p_k、p_s 分别为无指向性和双指向性传输输出。

1.3　声场脉冲响应的后处理

获取房间脉冲响应函数后，必须通过一系列的信号处理方法，包括数据截取、滤波、噪声修正、零点选取等过程，最终经过积分，计算出各室内音质参量或者进行其他的分析。

1.3.1　能量-声压脉冲响应的转换

根据反向积分法可以直接求出声压级脉冲响应。实际上，有时需要利用声压脉冲响应，有时则需要能量脉冲响应。例如，可听化研究中要做进一步的信号处理就需要声压脉冲响应。而为了得到某点的比较直观的声场衰减情况，就需要能量脉冲响应。因此，有必要弄清两者之间的关系。

根据声场学理论，对于球面波，远场声压幅值 P 可以根据声强 I 由下式确定

$$I = \frac{P^2}{2\rho c} \tag{1-14}$$

若设声波初相位为 φ_0，则到达接收点时刻的相位为

$$\varphi = \varphi_0 + \omega t + kr \tag{1-15}$$

式（1-14）、式（1-15）中，ρ 为空气密度，c 为空气中的声速，k 为声波波数，r 为声源至接收点的距离，t 为声线运行至接收点所用的时间，ω 为声波频率。

这样，可以根据到达接收点的每根声线的声强求出其相应的声压幅值和相位，它们在迭加时也按照声压迭加的方式进行，而不是直接将能量相加。于是，就将能量脉冲响应转化为声压脉冲响应。

相应地，可以直接根据能量脉冲响应来求 EDC，即

$$E(t) = \int_0^{\infty} E(\tau)\mathrm{d}\tau \tag{1-16}$$

式中，$E(\tau)$ 表示能量脉冲响应函数。

考虑声波的相位信息，对于后面将要介绍的声场可听化模拟技术也是比较重要的。

1.3.2　混响时间的测量

对于混响时间这个重要的参数，从目前来看，测量该参数比较准确可信的方法有两种，即稳态噪声切断法、脉冲积分法。国内外不少专家学者都曾对这两种方法进行过相关的研究，并不断改进混响时间的测量手段。同时伴随着计算机技术的飞速发展，如今混响时间的测量变得越来越简单，现在一般的建筑声学测量仪器，基本都会提供这两种方法供用户选择来测量混响时间，如北京恒智数码科技有限公司的 RT1 实时频谱分析仪和朗德科技公司的 RTA840 双通道实时分析仪等。其中脉冲积分法和 MLS 最大序列数法测量混响时间所基于的原理都是 Schroeder 提出的脉冲积分公式，并且 Schroeder 还证明了用这种积分的方法所得到的声压级衰变曲线相当于稳态噪声切断法测量多次的平均。

混响时间的测量通常需要满足以下条件：

（1）使用全指向性多面体声源或扩声系统声源，这是两种性质完全不同的声源。在现行标准中，对这两种声源都有明确的规定。全指向性多面体声源通常用 12 面体声源。功率有大小之分，大功率的一般在 200W 左右，小功率通常在 100W 左右。而扩声系统声源通常在装有扩声系统的室内声场中使用。测量时利用主声道的声源激发声场，这种条件下测得的混响时间对调音师了解实际状态下声场特性更有帮助。

（2）35dB 以上的信噪比，这是测量混响时间对声音强度的最低要求。不论是仪器直接测量读数还是测出衰减曲线后用特制量规确定，都需要衰减曲线在初始声压级衰减 5dB 到衰减 35dB 区间的斜率；然后将声音衰变的时间长度乘以 2，以获得 60dB 衰减所需的时间。

（3）为了提高测量精度，需要对声源多次激发取样，通过多次测量平均来减少测量误差。在以往的实际测量时，往往采用一个频点 3 次激发 3 次取样，对于低频测量有时还不够，还需要增加声源激发次数。

（4）1/3 倍频程的频率间隔 T_{60} 通常在 125Hz、250Hz、500Hz、1kHz、2kHz 和 4kHz 进行测量。这是按倍频程间隔测量。有时为了对声场的情况进行较为详细的分析，找出问题的所在，测量频率间隔需要增加，按 1/3 倍频程的频率间隔进行。

1.3.2.1 稳态噪声切断法测量混响时间

运用衰变曲线方法获得混响时间常常先记录整个衰变曲线，再从该曲线的斜率大致地算出混响时间。稳态噪声切断法测量混响时间的标准设备（可以有许多不同方案）见图 1-3。由信号发

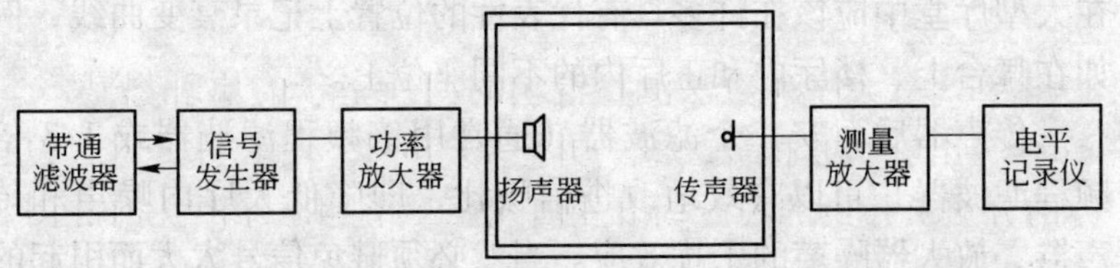

图 1-3 稳态噪声切断法测量混响时间原理

生器驱动的扬声器使房间激发到稳态。传声器的输出电压馈送给放大器和滤波器，然后加到其偏转已用分贝数值校准的对数记录器。在给定的某瞬间用开关切断激发，同时或稍提前合上走纸机构的开关，从该瞬间开始记录衰变过程。

通常信号发生器输出的信号是调频的正弦信号，它的瞬时频率覆盖着一个较窄的频率范围。通常选择调制频率约 10Hz。无规噪声发生器后面接以滤波器分出倍频程或 1/3 倍频程的频带同样也适用，可能更合适些。正弦形的纯音仅偶然使用，例如激发个别简正方式和测量有关的衰变常数。这样一种方法对非常小的房间在低频时可能是有用的。混响测量常常采用的中心频率的范围，大约从 50Hz 扩展到 10000Hz，但是大多数认为从 100 ~ 5000Hz 的范围已经足够。

扬声器或者更为一般的声源，通常放在房间正常使用时自然声源所处的同样位置上。这种放置扬声器的方法不但用于混响测量，而且也用于其他测量。然而因为能应用互易定理，如果声源和传声器没有指向性，则声源和传声器的位置能够互换而不改变其结果。

如果声场是完全扩散的，衰变曲线就应该与声源和传声器的位置无关。因为在正常房间内这种理想条件常常很难存在，所以在不同的传声器位置对每一个频率进行多次测量是合适的，不仅对相应于衰变曲线平均斜率的混响时间，而且对曲线的其他细节都可以和大厅或大厅中某个特殊点的音质联系起来。

衰变曲线上最重要的一个细节是初始斜率，它对于混响的主观印象很重要，从一个座位到另一个座位可以有相当大的变化。在大型厅堂中应该在许多具有代表性的位置上记录衰变曲线，例如在舞台上、楼厅内和正厅内的不同座位上。

传声器后面安一个滤波器（通常用倍频程滤波器或 1/3 倍频程滤波器）可以有效地改进信噪比，即降低大厅内噪声和传声器、放大器噪声的干扰效应。当然必须避免信号太大而引起的非线性，因为它产生不准确的衰变曲线。

衰变曲线用声级记录器记录。它在纸上或某种类似东西上记录输入电压的对数值，这种记录的惯性必须很小。为了准确评价曲线，要精确地知道纸速和灵敏度。通常纸的使用宽度相应于50dB 的声级范围。为了求出混响时间，用透明尺使衰变曲线尽可能接近于一直线。根据它的斜率 $\Delta L/\Delta t$（单位为 dB/s），求出混响时间

$$T = 60\left(\frac{\Delta L}{\Delta t}\right)^{-1} \tag{1-17}$$

常常从相对于稳态声级 -5 ~ -35dB 的范围来计算衰变曲线的斜率。在声级下降不是线性的情况下，用这种方法企图改进求得的混响时间的一致性和重复性。但是毫无疑问，从偏离直线很大的衰变曲线计算平均斜率的意义不大。已经注意到从主观感觉观点来看，衰变曲线的初始斜率能够导出早期衰变时间，它可能更为重要。因为，初始斜率和所有激发简正振动方式的平均阻尼常数密切相关，所以从测量混响求测试材料的吸声系数可以用同样的方法。由于不规则的声级起伏，用上述测量技术计算初始斜率会发生较大的误差，这种不规则的声级起伏叠加在总声级的下降上，可以认为是由于复杂的差拍信号而引起的。

这种起伏在一定程度上遮蔽了真正的衰变曲线。此外，这些起伏使自动测量混响不太可靠。最后出现了不用完整记录衰变曲线的各种仪器和方法，它们可以直接指示混响时间，例如用电表的指针偏转的方法。这些仪器的共同特点是有一个开关，当瞬时衰变声级通过两个预定数值时开关先接通，然后停止计时器。另一种方法可以预先规定某个时间间隔，在它的开始和末尾测量有关声级并彼此比较。因为，这些仪器不考虑整个衰变曲线而只是两个瞬时声级，在时间间隔两端的声级的偶然或无规的起伏对结果影响很大。

采用以无规噪声激发房间，对测得的许多混响曲线取平均的方法，可以使这些衰变声级的无规起伏和伴随的真实衰变曲线形状的不精确在原则上得以避免。这种非常费时间的方法可以用另

一种更好的方法导出相同的结果，这种方法称为积分脉冲响应法。

1.3.2.2　脉冲响应反向积分法测量混响时间

积分脉冲响应法是由 Schroeder 提出并首先应用的。该方法根据下面所叙述的所有可能声压衰变曲线的总体平均 $\langle h^2(t)\rangle$（对于一定的位置和激发噪声的带宽）和相应房间脉冲响应 $g(t)$ 之间的关系

$$\langle h^2(t)\rangle = N\int_t^{\infty}[g(x)]^2\mathrm{d}x$$
$$= N\int_0^{\infty}[g(x)]^2\mathrm{d}x - N\int_0^{t}[g(x)]^2\mathrm{d}x \quad (1\text{-}18)$$

式中，尖括号表示群体平均，$g(x)$ 是被测房间的脉冲响应，它包括所有的线性畸变（例如扬声器的线性畸变）、滤波器频带有限的效应等，N 为谱密度。

由式（1-18）说明在某个位置上用相同类型的无规噪声激发所得的所有可能的混响曲线的总体平均等于房间内传输路程在两个指定（与时间有关）极限内积分的脉冲响应的平方。它使记录的衰变曲线实际上可以没有无规起伏并且只具有重要的细节。

如果式（1-18）所叙述的过程不是用数字计算机而是用模拟设备执行，则适用于这种用途的装置的方框图积分脉冲响应法测量混响时间原理见图 1-4。对所研究的房间用短脉冲来激发，短脉冲在馈给扬声器前可以用一个滤波器。由传声器得到的脉冲响

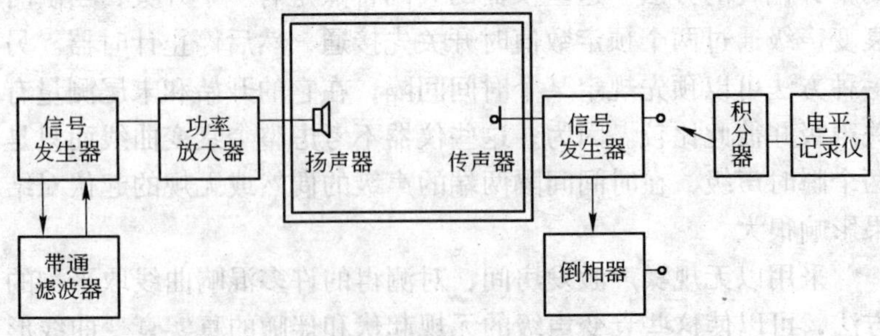

图 1-4　积分脉冲响应法测量混响时间原理

应可以再经滤波、平方并且在可与混响时间相比较的周期内积分。把相应于式（1-18）中的第一个积分的结果储存起来，例如以电荷形式储存于电容器。然后使其平方输出信号反相，房间再一次用完全相同的脉冲激发。现在电容器以式（1-18）中第二个积分放电；它的电压就是所需函数〈$h^2(t)$〉真正的镜像，可以用普通直流电平记录器记录。进行积分比较方便的方法是用在非反馈回路中有储存电容器的运算放大器。为了计算用这种方法获得的衰变曲线，必须记住由于平方过程的影响，声级差已加倍。

此后国外的许多专家学者做过大量的实验和研究，比如德国的 M. V. Rlander 和 H. Bietzlsl 于 1993 年做的混响时间测量方法的比较；美国声学学会 Dennis R. Morgan 于 1997 发表的《混响时间测量中反向积分的参数误差分析》等。但这个积分在模拟测量中较复杂，故长时间以来没有得到真正应用。

理论上，脉冲响应反向积分法得到的衰变曲线比较平滑，波动起伏小，不但能够测量混响时间，而且还能计算其他很多辅助声学参数。在 ISO 标准 ISO 3382∶1997 中认为，一次脉冲响应反向积分法的测量精度与 10 次声源切断法的平均值相当。

随着计算机技术的飞速发展，使得利用计算机进行积分脉冲响应测量变得很容易，它允许存储数字化信号，然后用数字方法反向积分。最近国际标准化组织正在拟定将脉冲积分法正式列入声场测量规范中。

MLS（Maximum Length Sequence）最大序列数法是对脉冲积分法的改进，这种方法可以很简便地求出系统的脉冲响应，并可抑制背景的影响，提高信噪比。如果环境很嘈杂或房间很大，无法获得足够的信噪比，用这种方法效果不错。

使用扬声器发出最大长度序列 MLS 信号，使用传声器接收，通过相关运算获得脉冲响应。脉冲响应通过带通滤波器平方后反向积分得出各个频带的衰变曲线。在背景噪声极低的理想条件之下，衰变曲线方程为

$$E(t) = \int_t^{\infty} p^2(\tau)\mathrm{d}\tau = \int_{\infty}^{t} p^2(\tau)\mathrm{d}(-\tau) \tag{1-19}$$

式中，p 为脉冲响应声压。

在存在背景噪声的实际情况下，若脉冲峰值声压级（即在 $t=0$时刻的声压级）超过背景噪声基线 50dB 以上，可以忽略背景噪声的影响，反向积分的起始点可设在脉冲响应声压级曲线高于背景噪声基线 15dB 处。衰减可采用如下方程代替

$$E(t) = \int_t^{T_1} p^2(\tau)\mathrm{d}\tau = \int_{T_1}^{t} p^2(\tau)\mathrm{d}(-\tau) \tag{1-20}$$

式中，T_1 为脉冲响应声压级曲线高于背景噪声基线 15dB 处的时刻，$t<T_1$。

若脉冲峰值声压级不能满足超过背景噪声基线 50dB 的要求，且背景噪声基线声压级已知时，以背景噪声基线和脉冲响应声压级衰变曲线的交点作为反向积分的起始点，然后可以通过下式计算混响衰变曲线

$$E(t) = \int_{t_1}^{t} p^2(\tau)\mathrm{d}(-\tau) + C \tag{1-21}$$

式中，t_1 是背景噪声基线和脉冲响应声压级衰变曲线交点处的时刻，$t<t_1$。

理论上 C 是去除噪声干扰的真实脉冲响应平方值从无穷大到 t_1 的积分，实际计算中需要进行估计。取 t_0 脉冲响应声压级衰变曲线是比 t_1 高 10dB 的时刻，根据 t_0 到 t_1 之间的脉冲响应平方的衰变曲线估计指数曲率，并使用这一曲率计算 C 值。

在背景噪声级未知时，可使用一个可变的修正积分时间 T_0 对脉冲响应的平方进行反向积分，T_0 是一个尝试的数值，可先取混响时间估值的 1/5。有：

$$E(t) = \int_{t+T_0}^{t} p^2(\tau)\mathrm{d}(-\tau) \tag{1-22}$$

先估计一个略大的数值作为混响时间，如果计算出来的混响时间与估值的差超过 25% 时，取两者的均值作为新的混响时间估值，

重新计算。每个测量位置测量3次，取混响时间的算术平均值。

国内最早进行脉冲积分法实验研究的是清华大学于1992年做的工作，其方法是用D/A转换技术编制了调频调幅的脉冲声源信号，并将接收到的脉冲响应做A/D转换得到一个正整数数组然后进行积分运算，最后将得到的混响时间与切断噪声法作了比较。其后是北京航天医学工程研究所做过相似的实验研究。同济大学在1997年做过“强背景下混响时间的非线性滤波M序列相关测量”的研究。用积分脉冲响应测量混响时间的方法得到的衰变曲线比较平滑，波动小，不但能很精确得出混响时间，还能算出*EDT*等。

沈豪编译的《室内声学》中给出了混响曲线的一些例子，它们分别用传统方法和积分脉冲响应法测得。可以清楚地看到，在后一种情况下，曲线没有普通方法所固有的不规则起伏，这种不规则起伏对衰变声场的客观研究没有用处。因此对取得这些曲线的房间测量或给定位置的音质没有告知任何信息。用脉冲响应积分法作重复测量可以得到完全相同的曲线，但用普通方法则不相同。因比积分脉冲响应法比较好，它可以得出更可靠的混响时间以及比混响过程还多一点的信息，例如衰变曲线的初始衰变时间。

在获得衰变曲线后，就可以计算混响时间了。在衰变曲线衰变范围内，画一条尽可能与其重合的直线。该直线的斜率即衰减率（dB/s），从而可以推算出混响时间。“尽可能与其重合的直线”的含义是：衰变曲线与这条拟和直线所围和的面积为最小。

根据衰变曲线从-5～-25dB的20dB衰减范围计算得到的值表示为T_{20}，至少需要计算T_{20}作为混响时间的测量结果。根据衰变曲线从-5～-35dB的30dB衰减范围计算得到的值表示为T_{30}，条件许可时，宜同时计算T_{30}，作为混响时间的参考测量结果。

衰变曲线起始部分应充分高于背景噪声的水平。计算T_{20}时，噪声水平应至少低于曲线的起始点35dB；计算T_{30}时，噪声水平应至少低于起始点 45dB。

当衰变曲线不呈直线形状时，不一定存在唯一的混响时间。如果衰变曲线呈现出两段直线的形状，那么根据起始水平建立一个适当的拐点连接两段轨迹。计算上下两段的斜率，并在报告中指明其动态区间。用于求斜率的动态区间至少为 10dB。

理论上，若房间声场是完全扩散的，即各个位置声压级相等且每个位置各个方向的声能密度相等，那么，衰变曲线是线性的。实际情况下，由于声场非完全扩散，衰减虽呈线性趋势但局部存在波动，高频情况下波动较小，低频情况下波动较大。由于对脉冲响应的声压进行了反向积分，相当于对声压级衰变曲线进行了多次平均，因此，脉冲积分法比声源切断法获得的声压级衰变曲线局部波动更小，更平滑。

1.3.3 声学建模和声场模拟

利用计算机对较大尺寸封闭空间（如厅堂）的声脉冲响应进行模拟是近几年发展起来的新技术，它的基本原理是通过计算机模拟声波在空间内的传播过程计算空间中各反射声到达接收位置的能量、延迟时间及方向等参数得出该空间脉冲响应。

早在 1934 年，德国人 Spandock 就提出了“可听化”的概念。20 世纪 50 年代末，国外又有学者提出利用微机模拟室内声场的构想，但由于还没有形成完善的理论基础，又缺乏强有力的技术支持，此后的二三十年里发展比较缓慢，只有少数几个国家在继续做这方面的应用软件，例如，德国声学设计公司的 EASE2.0。最近，比利时 LMS 公司和美国 Bose 公司也相继推出了它们最新的可听化软件，并将之商品化。这表明国外在这一领域的研究已取得了较大成就。但从总体上说，声场数值模拟和可听化技术仍处于发展阶段，还不够成熟。特别是在国内，才刚刚起步。近年来我国有少数声学工作者注意到了该技术，并对其部分内容进行了一些探索性的研究。我国对声场模拟进行的真正意义上的比较独立、比较全面的研究应该从“声场视听一体化”

这一概念的提出开始。事实上，该技术的软硬件条件已经基本具备，故而现在对它进行系统地研究是十分及时和有前途的。

1994~1995年间，有关人士在瑞典的Jonkoping音乐厅进行了全球范围的厅堂音质辅助设计软件测试比较。结果表明，尽管在某些方面，各测试软件与开发者的期望有一定差距，但模拟的结果还是可以被接受。这充分说明，用计算机进行厅堂音质可听化模拟具有广泛的发展前景。与缩尺模型相比用计算机模拟具有经济、方便、快捷等特点，而且随着计算机算法、材料吸声性能等相关领域的深入研究，计算机模拟结果的准确性有望进一步提高。

如果把房间看作一线性系统，则房间脉冲响应反映了对于一个特定的声源和受声者所构成的室内声场的所有声学特性（就像人的“指纹”一样，从它不但可以得出其他各种重要的声学指标，而且可以对声音信号进行直接处理，使声学环境的影响（如方向、距离、空间感、空间外延等）包括在处理过的声音信号里。将其输入人耳，会给人造成一种感觉，仿佛你正置身于房间中聆听一种声源的声音，其实你并没有真正处在该房间中。房间脉冲响应预测的研究很早就引起了声学工作者的重视，至今仍在不断发展之中。室内脉冲响应的仿真及其对声音信号的处理，形成了一种称之为“虚拟可听化”的技术。

声场模拟是指通过模拟的或数字的方法对声场的形成要素（包括声源、接收器等）加以模拟，进而对声场中各处音质情况进行模拟或预测的一种技术。早期的声场模拟技术主要是通过建立房间的缩尺模型来进行的，即将实际房间的各种特性（线性长度、频率、吸声系数、传声损失等）在保持与原房间具有相似性的条件下，按一定比例缩小，然后将所测量结果按相应比例放大以对实际声场进行预测的一种声场模拟技术。早在20世纪30年代便有人做过这方面的尝试，但由于当时测试条件的限制，使得缩尺比例模型试验的结果不够理想。在后来的几十年里，它在比例大小的选取、人工头的设计及脉冲响应测量等方面取得了较大的进展，从而这种方法也成为厅堂音质设计的一个重要工具。该技术的特点是：造价较低、房间形状及壁面材料易于改变。但该技术需要专用实验室和许多附加设备，给研究和应用带来诸多不便。近年来，随着计算机软硬件快速地更新换代，以之为主要工具的数字式声场模拟方法也在迅速地发展，并将以更经济、更方便等多种优势占据主导地位。该技术把几何声学与统计声学、物理声学相结合，并辅以现代计算机和信号处理技术，其发展和成熟将会使室内音质的研究产生一次飞跃。

声场模拟按步骤先后分为两大部分，如图 1-5 所示，即声场数值模拟和可听化。两者既有联系，又有一定的独立性。通过声场数值模拟，能使工程设计人员获得回声图以及声压级、清晰度等评价声场的参量，从而为建筑音质设计提供客观依据。可听化指的是在利用声场数值模拟获取声场脉冲响应的基础上，通过信号处理等手段进一步实现声场主观听音效果模拟的一种技术。一个成熟的数字式可听化系统（包括多媒体计算机和相应的软件）便能十分方便地为工程人员提供声场中不同位置的主观听音效果，从而为建筑音质设计提供主观评判依据。

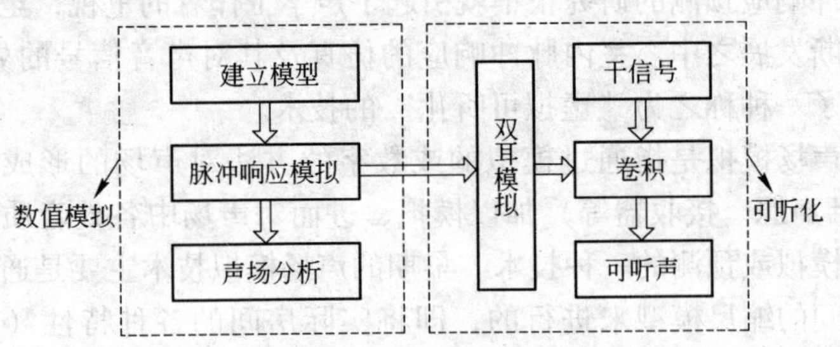

图 1-5　声场模拟系统原理

声场脉冲响应用图形表示就称为回声图，如图 1-6 所示。从声场脉冲响应可以获得许多信息，包括：（1）直达声之后到达的回声数量以及一定时间范围内直达声与反射声的比例；（2）声强较大的回声在时间轴上的分布情况；（3）各个回声的

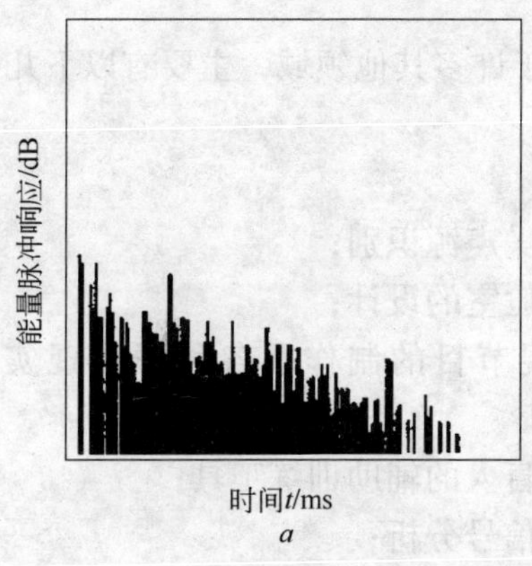

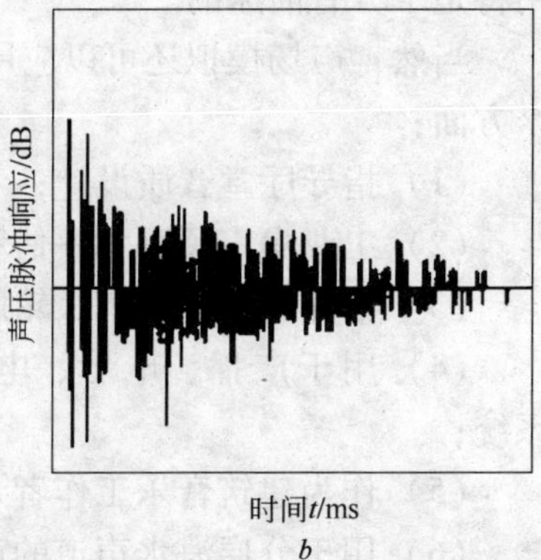

图 1-6 声场脉冲响应
a—能量脉冲响应；*b*—声压脉冲响应

相对强度；（4）声压级、清晰度、明晰度、重心时间、声场力度、混响时间等声场评价参数。计算声场脉冲响应并由之获取客观上描述声场的信息，这一过程实质上就是前述的声场数值模拟。同样，可听化也是在对脉冲响应进行后处理之后进一步实现的。

由此可见，声场模拟技术的核心和关键工作是声场脉冲响应的获取。无论是对于模拟技术，还是数字技术都是先根据一定的声场模型，获取声场的脉冲响应，然后由之得到接收位置的有关信息或再做进一步处理，获取脉冲响应对于声场模拟是至关重要的工作。

最初，人们提出声场模拟的目的在于指导厅堂音质设计。也就是通过模拟已经初步建成的厅堂，为改善厅堂的听音条件提供依据，或对还处在设计阶段的厅堂加以模拟，从而预测其听音效果。噪声也是一种声音，因此不难想到，该技术同样可以用于噪声预测和评价。另外，值得一提的是，该技术还可以为虚拟现实系统提供逼真的听觉感受，从而弥补近年来发展十分迅速的虚拟现实技术的不足（目前的虚拟现实主要突出视觉虚拟），这种应用将是十分有前途的。

当然，声场模拟还可以应用于许多其他领域，主要有以下几个方面：

（1）指导厅堂音质设计；

（2）工业噪声预测、评估和噪声源识别；

（3）指导飞机、列车、轮船舱室的设计；

（4）用于广播、电影、电视节目的制作及各种虚拟现实系统；

（5）作为建筑音乐工作者、盲人的辅助训练工具；

（6）用于分层海水声道的声信号分析；

（7）用于心理声学研究；

（8）用于各种有声游戏或娱乐活动；

（9）作为声学教学辅助工具。

其中前两项应用是最为基本的也是最具有现实意义的。如果在实际声场形成之前，就能够对已有空间（或虚拟空间）内各处的音质情况有所了解，这对于指导室内音质设计来说是非常理想的，也是人们最初构思声场模拟的主要出发点。事实上，它对于改善音质和抑制噪声等方面的工作也是十分有利的。

无论是哪一种应用，其根本的原理都是相同的，即从客观或主观上对声场音质进行模拟，较真实地提供声场（无论是虚拟的还是现有的声场）的客观描述参数或主观听觉感受。

为了从客观上对声场进行模拟，声场模拟系统需要为用户提供声场中声能、声压的分布情况，包括在时间和空间上的分布，还需要提供一些常用的描述声场音质情况的客观参数值。

对于声场中声能和声压的分布，声场模拟技术是通过提供声场中各点脉冲响应的图形（回声图）来比较直观地实现的；对于声压级、清晰度等常见的声场描述参数，则可以利用声场脉冲响应进一步求得。

这里需要指出的是，目前的声场模拟技术多未能同时从直观和理论上对声场的空间分布情况加以研究。例如，最新的一些声场模拟软件一般能计算并通过不同色彩来表示声场中声压的空间分布情况，但并未从理论上对声场的空间分布进行深入的研究。实际上，对声场空间分布的研究也完全可以像对时间分布的研究围绕脉冲响应函数进行那样，围绕声场空间传递函数来进行。这种研究将十分有利于人们了解整个空间的音质特性。

2 声场脉冲响应的一般测量方法

虽然用室内脉冲响应函数来计算室内声学参数已经得到认可，但是如何获得室内脉冲响应却有着不同的技术，这些不同技术的区别反映在所采用的声源和后续的信号处理技术上。根据测量脉冲响应的脉冲声源不同，可以把脉冲响应的测量分为两类：传统声源法和数字化声源法。传统的方法是使用自然声源（气球、发令枪等），而数字化声源是使用计算机产生数字信号，经过 D/A 转换后由扬声器发出。

脉冲响应反向积分法应用了现代数字处理技术，使用方便、快捷。更重要的是，在原理上，脉冲响应反向积分法比声源切断法具有更高的稳定性和可重复性，尤其在低频段（小于 250Hz）测量更具有优势，因此，宜选择脉冲响应反向积分法进行测量。另外，使用脉冲积分法还可以得到其他辅助声学参数，这些参数包括：早期衰减时间（EDT）、强度因子（G）、相对声压级、早期声能比、侧向声能比、双耳互相关函数。这些参数尚处于研究阶段，混响时间测量可同时测量这些参数，将为房间音质在混响时间指标基础上提供更广泛、更高精度的参照，并使更多人有机会在本规范基础上尝试测量新的参数，以期最终使这些参数在实践中不断完善并得到公认。

需要指出的是，脉冲积分法与传统的声源切断法测得的结果可能存在系统性差异，对于同一房间的测量，两种方法常常得不到完全一致的结果，对比实验显示，一般误差不超过 ±5%，尚在可接受范围内。

2.1 声场脉冲响应的传统声源测量法

现实中无法产生具有理想冲击函数的脉冲声，测量时，可以用瞬间突发的声音（例如电火花、发令枪、鞭炮及刺破气球等声音）来近似。用猝发的脉冲声来替代由电声系统产生的传统白噪声，使激发室内声场的声源增加了可供选择的多样性。如可用发令枪、鞭炮及气球破裂等产生的爆破声或用锣、钹等乐器产生的打击声，也可用火花发生器产生的放电声。这类声源结构简单，易于实现，不需要复杂的电声系统，有一定的特点与优点。由于各种声源有自己的特性，因此，对于测量所得的数据宜采用不同的处理方法。在本书内选择了气球破裂、电火花及白噪声三种有代表性的声源，对它们的瞬态时频特性及其典型实用测量进行对比分析。

2.1.1 刺破气球

把气球充气至一定大小，戳破气球时瞬间会发出较强的破裂声。用多个气球进行同样的实验，结果表明，气球破裂产生的声信号不能重复，它不但与气球的体积及其压力大小有关，而且与戳破的操作方式也有密切的关系，所得声信号的强度、持续时间及频带宽度等特性都有相当大的变化，很难加以控制。

从时域上看，气球破裂声的响应特性近似为一系列随时间衰减的波包，第一个波包为主要的成分，信号最强，持续时间也最长，对于不同气球约在 10～30ms 范围内。后续波包的信号逐步减弱，持续时间相应缩短，最后形成为一条拖长的“尾巴”。从频域上看，气球破裂具有宽频带噪声的特点，主要能量集中在 500Hz 以下的频率范围内。

上述特性可作理论解释如下：把气球内原始压力较高的气体隔离作为分析对象，气球破裂后，气体突然膨胀，压力相应迅速下降，当压力降低至大气压时，由于惯性作用，气体运动并不停止而将继续膨胀。当压力达到最低点后，气体将由膨胀转变为收缩，直至压力回复到最大值。这样，在气体向外扩张过程中，伴随着来回胀缩的振荡过程。由于气球在局部受戳开裂再扩张至整个球面，气体的膨胀运动并不对称而带有不规则的随机特性，因此各种不同模式的高次声波都被激发，它们的强度随膨胀气体的压力及速度而变化，在气体整体胀缩振荡作用的调剂下，就形成了一系列调幅的波包信号。

由上可知，气球破裂产生的脉冲声与理想的 δ 脉冲信号有很大的差距，它具有难以控制的调幅波包特性，因此，它只能适用于在混响时间较长的房间内比较粗略的测量。

2.1.2 电火花

电火花发声装置的原理如图 2-1 所示，闭合电键 K 后，高压电源 E 通过电感 L 及可变电阻 R 向电容 C 充电。

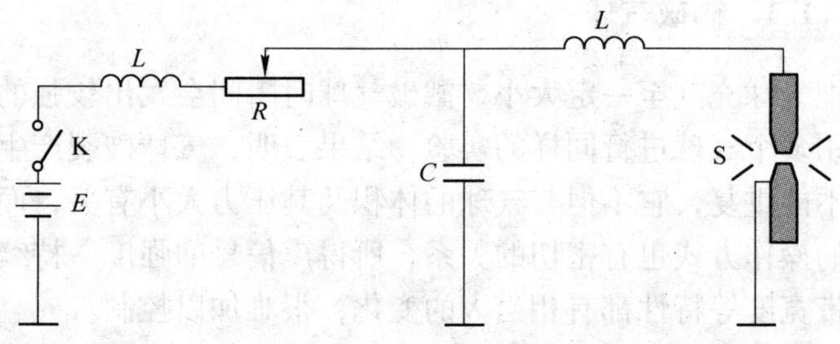

图 2-1 电火花发声装置原理

当电容 C 充电到一定程度，气隙两端电压达到一定阈值时，气隙内的空气被击穿，产生火花放电而发出脉冲声。放电后电容 C 上存储的电荷释放完毕，即重新开始充电。因此，电火花发声可以重复进行，而每次发声间的时间间隔可以借助可变电阻 R 加以调节。

对电火花发声重复产生的各次脉冲声进行对比分析，结果表明信号的强度、持续时间及频谱等特性有良好的重复性，但对声压的瞬态特性也有相当大的起伏变化，相邻两次声脉冲的时间间隔也不能保证准确地相符。

2.1.3 发令枪

发令枪输出的能量在 1 ~ 2kHz 频率区间时最大。在小于

1kHz 时，能量衰减很快（－14dB/倍频程，用 1/3 倍频程分析仪），频谱特性不是所期望的。例如，如果在 63Hz 要求信号具有 20dB 的 SNR，则其能量在 1kHz 时必须大于 120dB，这种爆炸性的声源是不可能在现实中用的。此外，爆破声没有方向性各个方向的传播速度也不相同也不能重复实验。

现代室内声学测量的基本手段是要先测得房间的脉冲响应函数，然后用能量积分等处理方法得到所需的各个声学参量。用上述气球破裂声或电火花发声作为声源，由于所发脉冲声有一定的持续时间 ΔT，时域上实测所得的房间响应函数相当于以 ΔT 作为时间间隔单位作了能量带权平均后的结果。故这些声源都是只适宜在混响时间较长的房间内采用。

这类自然声源结构简单，易于实现，在现场不一定需要复杂的设备，受现场供电条件等因素的制约很小，有一定的特点与优点。但是，上述常用声源的共同缺点是实验不能完全重复，所得的声信号着重于声压有效值而把有用的相位信息丢失。由于实测的房间脉冲响应函数实际上是在一定时间间隔内做过能量平均后的结果，因此只能适用于混响时间较长的房间，在测量内容及测量结果的精度等方面都存在一定的局限性。现代室内声学测量中已经越来越广泛地采用了数字化信号源，通过迭加技术和相关分析等数据处理方法，可以克服上述常用声源存在的缺陷，获得更细致更精确的测量结果。

2.2 声场脉冲响应的数字声源测量法

根据数字化声源的不同有 4 种不同的脉冲响应测量方法：白噪声法、周期脉冲法、赝噪声法和调频测量法。

2.2.1 白噪声法

白噪声通常借助电声系统产生。采用统计均匀的随机电信号作为激发源，使信号强度在时域内的统计平均值保持不变，信号经功放后，输入到 12 面体无指向性扬声器发声。因白噪声的随机性，只有统计平均意义下，声信号的时频特性才趋向稳定。

从频谱曲线上看，其曲线与理想白噪声频谱有相当大的差距。其原因主要是由于扬声器系统的频响特性随频率变化而有所不同。电声系统产生白噪声作为声源，可满足以稳态声场为基础的一般声学测量要求，但其声信号不能重复，统计平均的功率谱也并不真正平坦。所以，做室内声学测量时，传统的白噪声并不是很理想的声源，特别是应注意避免电声系统对测量结果产生的干扰。

2.2.2 周期脉冲法

周期脉冲法是采用一个短周期的脉冲直接激励系统从而得到系统的脉冲响应。由于激励脉冲的能量低，所以，该方法的最大缺点是低噪声抑制能力。电声发声系统来产生声脉冲时，由于受到系统瞬态响应特性的制约很难在时域产生足够尖锐的声脉冲。

2.2.3 赝噪声法

赝噪声是一种按某种特定规则生成的数列($x_1,x_2,\cdots,x_n$)，其中各个元素互不相同，并且杂乱地分布在从 0 ~ 1 的区间内，从统计平均意义上说，数列［0，1］区间内为均匀分布。赝噪声的特点与优点是：它一方面保存了随机噪声的统计特性，另一方面它又是可以重复实现的，因此原则上可以再现同样的实验过程。

常用的伪随机噪声有最大长度 m 序列信号和逆重复 m 序列信号。虽然逆重复 m 序列法比 m 序列法具有较强的抗非线性失真能力，但前者的结构较复杂而且运算量大。

最大长度序列（m 序列）是一种周期性伪随机二进制序列（只有 +1 和 -1 两种幅值），其自相关函数为冲击函数。对于发出 m 序列信号的声源，室内接收点的接收信号是 m 序列与房间脉冲响应的卷积，若再与 m 序列进行相关运算，相当于 m 序列自相关函数与房间脉冲响应的卷积，等于冲击函数与房间脉冲响应的卷积，即为房间脉冲响应。

2.2.4 调频测量法

调频声源所发出的声压信号的频率随时间有规则地变化。调频的方式可有多种选择，最基本的是线性调频，即频率 f 随时间线性地变化。调频声源发出的典型声压信号 $P_A(t)$ 可记为

$$P_A(t) = A\sin(\pi f_N t^2 / T_N + \Phi) \tag{2-1}$$

式中，A 为振幅，Φ 为初始相位，当时间从 $0 \sim T_N$ 时，相应的频率 f 从 0 线性增大至 f_N。调频声压信号（通常称为啭音）可视为频率随时间单调提高的“准纯音”，在频域上功率谱为一平坦的直线。

如果对调频声源的声压信号 $P_A(t)$ 作归一化处理，使其均方值为 1，可以证明，$P_A(t)$ 的自相关函数也为 δ 函数。由 $P_A(t)$ 与相应接收声压信号 $P_B(t)$ 间的互相关函数也可得到房间的响应函数 $h(t)$。由此可知，调频声源与赝噪声声源相比较，从相关分析角度考虑，两者具有相类似的特性，同样能良好地满足室内声学测量的变化，随机起伏较小，特别是调频声源的时域特性与频域特性是互相协调的，便于对信号进行滤波处理，因此，应认为它具有较大的优越性。近代测量设备中，调频信号一般由数字化快速运行的软件控制产生，这样调频信号可以方便地重复实现，应用的项目也可显著拓宽。

近年来，调频测量技术广泛应用于室内声场的分析研究。在一次完整实验中，发射声信号频率由低到高连续地随时间变化，由于不同频率的声波是不相干的，故与赝噪声信号相比较，调频信号的自相关函数也是 δ 函数，对接收到的声信号作相关分析也可以得到相类似的结果。此外，由微机控制产生的调频信号同样可以采用迭加技术来提高信噪比。由此可知，调频测量法具有和 m 序列法相似的失真抑制能力，但是在同样的测量精度下调频测量法需要更长的测试时间和更复杂的处理过程。

最为常用的调频信号是线性调频或对数调频信号，这两种信号不但具有确定的函数关系，应用起来简单方便，而且具有较好的抗时变功能。由于现代计算机技术的发展，计算量的大小已不再是主要障碍了，因此，测量信号的长度并不受到严格的限制。值得指出的是，如果使用对数调频信号，可以保持倍频程信号的持续时间相同，与线性调频相比，将更为有利于提高低频信号的信噪比，即提高低频段的测量精度。但是，线性调频或对数调频信号在频域上存在截断误差，特别影响低频段测量。因此，一般需要在时域上对调频信号进行加窗处理，平滑频域中谱线的波动；另外由于扬声器发出的声信号还会受到系统响应的影响，频响较差的频段声信号能量偏低，信噪比就变差，而一味地增加信号的长度或增加迭加次数并不是最好的方法。为了克服这一缺点，近年来，在线性调频信号的基础上，出现了许多非线性的调频技术，它可以通过对频域中频谱的幅度和相位的调制，对系统的频率响应和测量环境的本底噪声进行补偿，以得到更为理想的测量信号。

总之，模拟声源鉴于其局限性，现代的室内声学测量越来越偏重于采用数字化声源。运用 m 序列作为数字化声源虽然是最近几十年的事，但 m 序列方法得到了研究者极大地关注，这是由于 m 序列法除具有数字化声源的优越性外，还具有：(1) 根据 m 序列信号二进制序列的特点，相关运算可以使用哈达姆 (Hadamard) 变换方法，运算中只有加减法，计算速度快，效率高；(2) m 序列信号是确定性序列，可以精确地重复，所以能够使用同步平均技术计算 m 序列信号多次重复的响应，因为，测量期本底噪声是随机的（不具有重复相关性），因此多次同步平均可以降低噪声能量分量，提高信噪比，m 序列信号每重复一倍时间，信噪比提高 3dB，有利于在高噪声环境下的测量。

从第 3 章起，本书着重论述 m 序列法的一些相关理论。

3 *m* 序列的产生及其基本性质

在计算机中用得最多的是二进制序列，序列中的元素只有两个取值“0”或“1”。对应的波形如图 3-1 所示。由此可见，二进制序列中的两个取值分别对应于电信号的两个电平，正电平和负电平，而且是一一对应的关系。

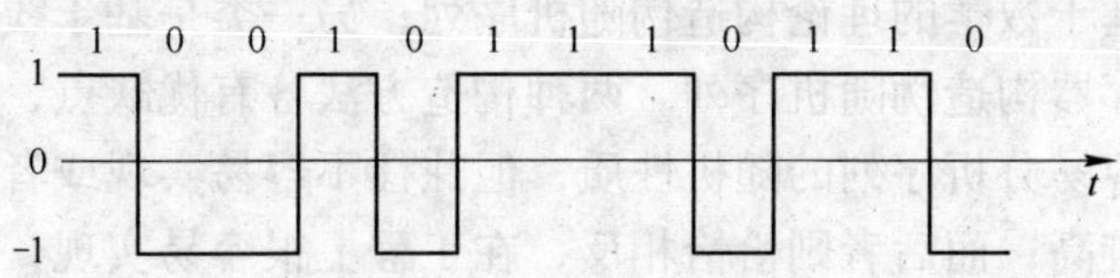

图 3-1　二进制序列及其波形

二进制序列一般可由移位寄存器产生，故由移位寄存器产生的序列就称之为移位寄存器序列，如图 3-2 所示。

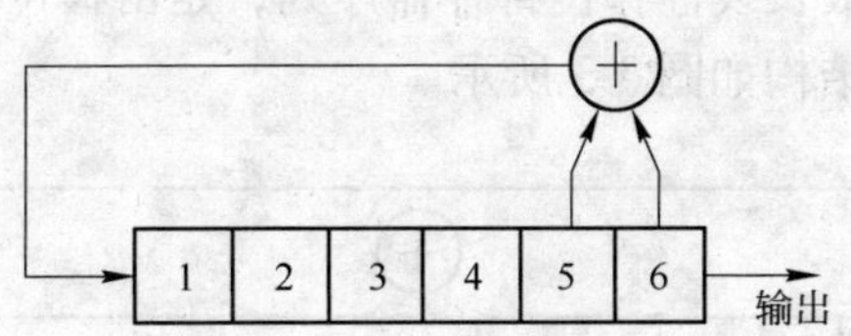

图 3-2　移位寄存器序列产生器

m 序列是最大长度线性移位寄存器序列的简称，将 n 个移位寄存器串接起来，在时钟控制下，寄存器的存储信号由上一阶向下一阶传递，将某些寄存器的输出信号反馈回来进行运算（如图 3-2 所示），运算结果又馈回输入端，即可获得一寄存器输出的序列，适当设置其反馈连接，该序列周期可达到最大长度 $T=2^n-1$，该序列就是 m 序列 $\{a_i\}$。将寄存器个数 n 称之为 m 序列的“级”，而反馈连接可用一本原多项式 $f(x)$ 表示

$$f(x) = \sum_{j=0}^{n} c_j x^j \tag{3-1}$$

这里系数 c_j 表示反馈连接的通或断，其中 $c_0=1$，$c_n=1$；x^j 仅指明其系数（1 或 0）代表 c_j 的值，即表示反馈连接的位置，本身的取值并无实际意义。

3.1　m 序列的产生方法

就现有的文献，可以把构造伪随机序列的方法分成两大类：一类是基于数学的理论构造伪随机序列；另一类是基于线性反馈移位寄存器构造伪随机序列。两种构造方法各有优缺点，前者在理论上容易分析序列的随机性质，但往往不容易实现或者实现的代价比较高；而后者则恰恰相反，在工程上很容易实现，成本较低，但有的情况下不容易分析其随机性质。

本书主要讨论基于线性反馈移位寄存器产生 m 序列。

3.1.1　反馈移位寄存器

m 序列是最长线性移位寄存器序列，是由移位寄存器加反馈后形成的。其结构如图 3-3 所示。

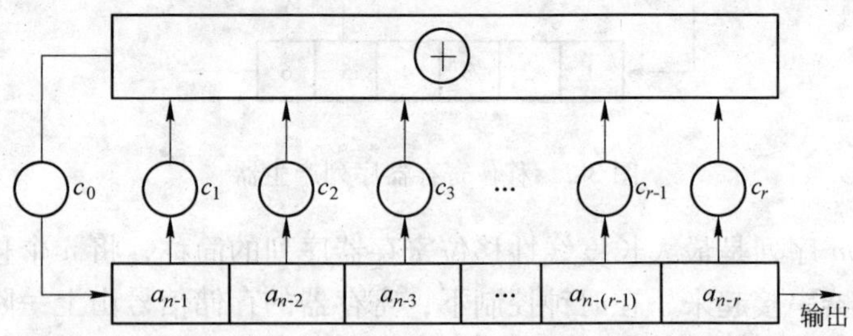

图 3-3　反馈移位寄存器结构

3.1.2　循环序列发生器

最长线性移位寄存器序列可以由反馈逻辑的递推关系求得。

3.1.2.1 序列多项式

一个以二元有限域的元素 $a_n(n=0,1,\cdots)$ 为系数的多项式

$$G(x) = a_0 \oplus a_1 x \oplus a_2 x^2 \oplus \cdots \oplus a_n x^n \oplus \cdots = \sum_{n=0}^{\infty} a_n x^n \tag{3-2}$$

称之为序列的生成多项式，简称序列多项式。这里采用模 2 加法符号是因为多项式（3-2）中的系数 $a_n(n=0,1,\cdots)$ 是属于二元有限域 F_2 的，因而它们适合模 2（对数据进行异或运算）运算。

序列 a_n 与序列多项式 $G(x)$ 之间是一一对应的关系，也就是说，给定一个移位寄存器序列后，其相应的序列多项式也就确定了；反之亦然。因此，可以把序列 $\{a_n\}$ 及其相应的序列多项式 $G(x)$ 看成是同一个移位寄存器序列的两种不同表示方式。

对于一个反馈移位寄存器来说，反馈逻辑一确定，产生的序列就确定了。那么，序列与反馈逻辑之间满足什么关系呢？由图 3-3 可以看出，移位寄存器第一位的下一时刻的状态是由此时的 r 个移位寄存器的状态反馈后共同确定的，即有

$$a_n = c_1 a_{n-1} \oplus c_2 n_{c-2} \oplus c_3 n_{c-3} \oplus \cdots \oplus c_r n_{c-r} = \sum_{i=1}^{r} c_i a_{n-i} \tag{3-3}$$

由此可见，序列满足线性递归关系。

把 a_n 移到等式的右边并考虑到 $c_0=1$，则式（3-3）可变为

$$c_n a_n \oplus \sum_{i=1}^{r} c_i a_{n-i} = \sum_{i=0}^{r} c_i a_{n-i} \tag{3-4}$$

3.1.2.2 特征多项式

通过前面的介绍，已经知道，在给定初始状态的条件下，可以根据递归关系式逐元素地把移位寄存器序列求出来。这就是说，移位寄存器序列与其递归关系式之间存在着密切的关系。在给定初始状态的条件下，前者是由后者唯一地确定的。现在要

问：用序列多项式及特征多项式分别代替序列及其递归关系式后，两者之间是否也存在着确定的函数关系呢？换句话说，在给定初始状态的条件下，是否也可以用特征多项式来求出序列多项式呢？对于线性移位寄存器来说，这个问题的答案是肯定的。下面就来讨论这个问题。

首先考虑一个矩阵 $\boldsymbol{A}$。对反馈移位寄存器可用一个矩阵来描述它，即 $\boldsymbol{A}$ 矩阵，称为状态转移矩阵。$\boldsymbol{A}$ 矩阵为 $r \times r$ 阶矩阵，其结构为

$$\boldsymbol{A} = \begin{bmatrix} c_1 & c_2 & c_3 & \cdots & c_{r-1} & 1 \\ 1 & 0 & 0 & \cdots & 0 & 0 \\ 0 & 1 & 0 & \cdots & 0 & 0 \\ \vdots & \vdots & \vdots & \vdots & & \vdots \\ 0 & 0 & 0 & \cdots & 1 & 0 \end{bmatrix} \tag{3-5}$$

由式（3-5）可以看出，$\boldsymbol{A}$ 的第一行元素正是移位寄存器的反馈逻辑。其中 $c_r = 1$，除了第一行和第 r 列以外的子矩阵为一 $(r-1) \times (r-1)$ 的单位矩阵。由此可见，$\boldsymbol{A}$ 矩阵与移位寄存器的结构是一一对应的。$\boldsymbol{A}$ 矩阵可以将移位寄存器的下一状态与现状态联系起来。

令移位寄存器的现状态和下一状态分别由矢量 $\boldsymbol{a}_n$ 和 $\boldsymbol{a}_{n+1}$ 表示，分别为

$$\boldsymbol{a}_n = \begin{bmatrix} \boldsymbol{a}_{n-1} \\ \boldsymbol{a}_{n-2} \\ \boldsymbol{a}_{n-3} \\ \vdots \\ \boldsymbol{a}_{n-r} \end{bmatrix} \qquad \boldsymbol{a}_{n+1} = \begin{bmatrix} \boldsymbol{a}_{(n+1)-1} \\ \boldsymbol{a}_{(n+1)-2} \\ \boldsymbol{a}_{(n+1)-3} \\ \vdots \\ \boldsymbol{a}_{(n+1)-r} \end{bmatrix} \tag{3-6}$$

则有

$$\boldsymbol{a}_{n+1} = \boldsymbol{A} \cdot \boldsymbol{a}_n \tag{3-7}$$

［例 3-1］ 求如图 3-4 所示的反馈移位寄存器的 $\boldsymbol{A}$ 矩阵。

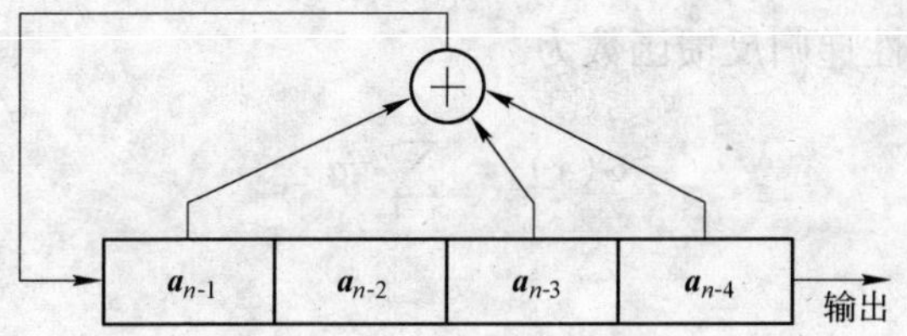

图 3-4 反馈移位寄存器例子

其 $\boldsymbol{A}$ 矩阵为

$$\boldsymbol{A} = \begin{bmatrix} 1 & 0 & 1 & 1 \\ 1 & 0 & 0 & 0 \\ 0 & 1 & 0 & 0 \\ 0 & 0 & 1 & 0 \end{bmatrix} \tag{3-8}$$

$$\begin{bmatrix} \boldsymbol{a}_{(n+1)-1} \\ \boldsymbol{a}_{(n+1)-2} \\ \boldsymbol{a}_{(n+1)-3} \\ \boldsymbol{a}_{(n+1)-4} \end{bmatrix} = \begin{bmatrix} 1 & 0 & 1 & 1 \\ 1 & 0 & 0 & 0 \\ 0 & 1 & 0 & 0 \\ 0 & 0 & 1 & 0 \end{bmatrix} \begin{bmatrix} \boldsymbol{a}_{n-1} \\ \boldsymbol{a}_{n-2} \\ \boldsymbol{a}_{n-3} \\ \boldsymbol{a}_{n-4} \end{bmatrix} \tag{3-9}$$

即

$$\left.\begin{aligned} \boldsymbol{a}_{(n+1)-1} &= \boldsymbol{a}_{n-1} + \boldsymbol{a}_{n-4} \\ \boldsymbol{a}_{(n+1)-2} &= \boldsymbol{a}_{n-1} \\ \boldsymbol{a}_{(n+1)-3} &= \boldsymbol{a}_{n-2} \\ \boldsymbol{a}_{(n+1)-4} &= \boldsymbol{a}_{n-3} \end{aligned}\right\} \tag{3-10}$$

3.1.2.3 特征多项式与序列多项式的关系

设线性移位寄存器序列为

$$\{a_n\} = a_0, a_1, a_2, \cdots, a_n$$

相应的序列多项式为

$$G(x) = \sum_{n=0}^{\infty} a_n x^n \tag{3-11}$$

$\{a_n\}$ 的线性递归反馈函数为

$$G(x) = \sum_{n=1}^{\infty} c_i a_{n-i} \tag{3-12}$$

则

$$G(x) = \sum_{n=0}^{\infty} \left[\sum_{i=1}^{r} c_i a_{n-i} \right] x^n \tag{3-13}$$

交换求和次序并进行变量代换，可得

$$\begin{aligned} G(x) &= \sum_{n=0}^{\infty} c_i \left[\sum_{i=1}^{r} c_i a_{n-i} x^n \right] \\ &= \sum_{i=1}^{r} c_i x^i \left[\sum_{i=0}^{\infty} a_{n-i} x^{n-i} \right] \\ &= \sum_{i=1}^{r} c_i x^i \left[\sum_{m=-i}^{\infty} a_m x^m \right] \\ &= \sum_{i=1}^{r} c_i x^i \left[\sum_{m=0}^{\infty} a_m x^m \oplus \sum_{m=-i}^{-1} a_m x^m \right] \\ &= \sum_{i=1}^{r} c_i x^i \left[G(x) \oplus \sum_{m=-i}^{-1} a_m x^m \right] \end{aligned} \tag{3-14}$$

经整理后，并考虑 $c_0 = 1$，则有

$$\begin{aligned} G(x) &= \frac{\sum_{i=1}^{r} c_i x^i \left[\sum_{m=-i}^{-1} a_m x^m \right]}{\sum_{i=1}^{r} c_i x^i \oplus 1} \\ &= \frac{\sum_{i=1}^{r} c_i x^i \left[\sum_{m=-i}^{-1} a_m x^m \right]}{\sum_{i=0}^{r} c_i x^i} \end{aligned} \tag{3-15}$$

选择移位寄存器的初始状态为 $a_{-r} = 1$，$a_{-r+1} = \cdots = a_{-2} = a_{-1} =$

0，则式（3-15）的分子

$$\sum_{i=1}^{r} c_i x^i \left[\sum_{m=-i}^{-1} a_m x^m \right] = c_r \tag{3-16}$$

由此可得

$$G(x) = \frac{c_r}{\sum_{i=0}^{r} c_i x^i} = \frac{c_r}{f(x)} \tag{3-17}$$

式中，r 级线性移位寄存器必然对应于一个 r 次特征多项式，c_r 只有取 1 时才有意义。故可得序列多项式与特征多项式之间的关系为

$$G(x) = \frac{1}{f(x)} \tag{3-18}$$

这个式子表明序列多项式由初始状态和特征多项式完全确定。这个结果与线性移位寄存器序列由其初始状态和线性递归关系式完全确定的结果是一致的。这个结果提供了一个直接利用特征多项式 $f(x)$ 来求出序列多项式 $G(x)$，从而得到线性移位寄存器序列 $\{a_n\}$ 的新途径。

［**例 3-2**］ 一个三级移位寄存器如图 3-5 所示，求该反馈移位寄存器序列。

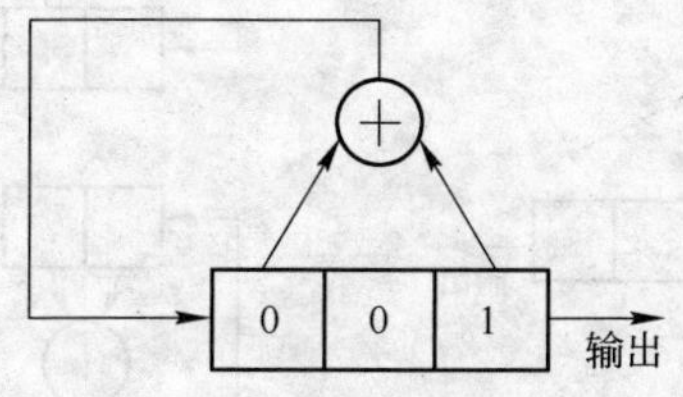

图 3-5 $r=3$ 的移位寄存器

解题步骤：

（1）可列出特征多项式

$$F(x) = 1 \oplus \sum c_i x^i \oplus x^r \tag{3-19}$$

（2）根据式（3-18），进行长除运算。注意在进行长除运算的过程中应用了模 2 运算的特性，即减法等于加法，所以这里一律用加法运算。

在进行长除运算时，实际上只需求出 $G(x)$ 中的头 $N=2^r-1=7$ 项就够了。这是因为序列本身具有周期性，因而在进行长除运算时也必然会表现出这种周期性来。

（3）根据 $G(x)$ 与 $\{a_n\}$ 的对应关系，即可得移位寄存器序列。

3.1.3 *m* 序列发生器

［**定理 3-1**］ 如果序列 $\{a_n\}$ 的周期为 N，则 $f(x)$ 可整除 $1+x^N$，即有 $f(x)\mid(1+x^N)$ 下面给出产生 *m* 序列的条件：

（1）*r* 级移位寄存器产生的序列，周期 $N=2^r-1$，其特征多项式必然是不可约的，即不能再因式分解而产生最长序列。因此，反馈抽头不能随便决定，否则将会产生短码。

［**例 3-3**］ 由图 3-6 所示的反馈移位寄存器，该序列产生器产生的序列 $\{a\}$。

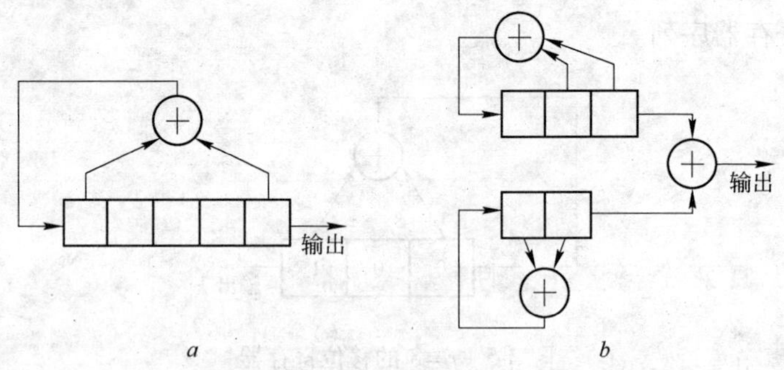

图 3-6 反馈移位寄存器例子

m 序列的特征多项式是不可约的，这只是一个必要条件。反过来说就不成立了。也就是说，具有不可约特征多项式的

线性移位寄存器序列不一定是 m 序列。于是需要用到另外两个条件。

（2）所有的次数 $r>1$ 的不可约多项式 $f(x)$ 必然能除尽 $1+x^N$，因为 $a^N(x)=(1+x^N)/f(x)$。

例如当 $r=3$ 时，有两个不可约 $1\oplus x\oplus x^3$ 和 $1\oplus x^2\oplus x^3$。根据这个定理，它们必然能除尽 $1\oplus x^7$。换句话说，它们都是 $1\oplus x^7$ 的因式。实际上可以求得

$$1\oplus x^7=(1\oplus x)(1\oplus x\oplus x^3)(1\oplus x^2\oplus x^3) \tag{3-20}$$

（3）如果 2^r-1 是一个素数（它只能被 1 和它本身除尽），则所有 r 次不可约多项式产生的线性移位寄存器序列，一定是 m 序列，产生这个 m 序列的不可约多项式称为本原多项式。

自然数中头 24 个 2^r-1 型的素数的 r 值见表 3-1。

表 3-1 2^r-1 型的素数的 r 值

2	17	107	2203	9689
3	19	127	2281	9941
5	81	521	3217	11213
7	61	607	4253	19937
13	89	1279	4423	

（4）除了第 r 级以外，如果还有偶数个抽头的反馈结构，则产生的序列就不是最长线性移位寄存器序列。

为了加深对以上几个条件的理解，下面讨论实际例子。

[例 3-4] 当 $r=3$ 时，有

$$1\oplus x^7=(1\oplus x)(1\oplus x\oplus x^3)(1\oplus x^2\oplus x^3) \tag{3-21}$$

这里有两个 3 次不可约多项式 $1\oplus x\oplus x^3$ 和 $1\oplus x^2\oplus x^3$。由表 3-1 查知 $2^3-1=7$ 为素数，因此可以肯定，这两个不可约多

项式都是本原多项式，它们所产生的序列都是 m 序列。相应的移位寄存器结构如图 3-7、图 3-8 所示。通过长除运算可以确定它们所产生的 m 序列。

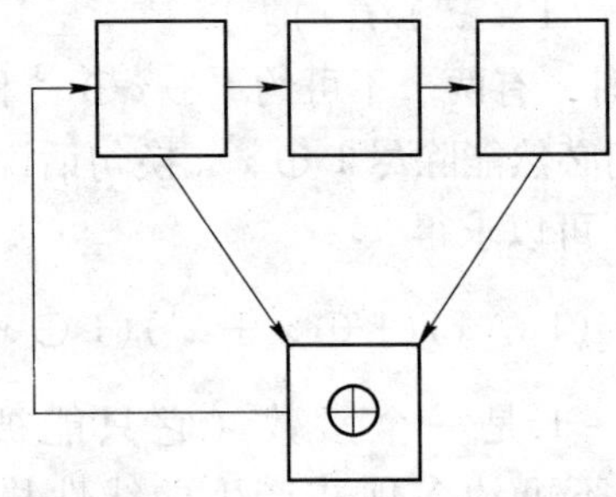

图 3-7　特征多项式为 $1 \oplus x \oplus x^3$ 的线性移位寄存器

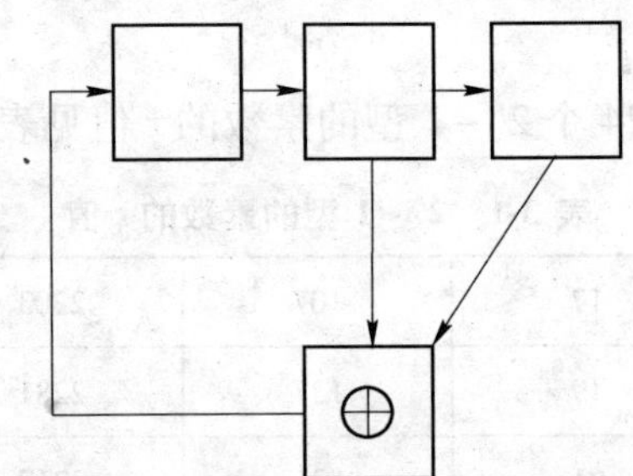

图 3-8　特征多项式为 $1 \oplus x^2 \oplus x^3$ 的线性移位寄存器

对于 $F(x) = 1 \oplus x \oplus x^3$，进行长除运算，可知

$$A_n(x) = 1 \oplus x \oplus x^2 \oplus x^4 \tag{3-22}$$

因而

$$A_n = (1110100) \tag{3-23}$$

对于 $F(x) = 1 \oplus x^2 \oplus x^3$，进行长除运算可知

$$A_n(x) = 1 \oplus x^2 \oplus x^3 \oplus x^4 \tag{3-24}$$

因而 $A_n = (1011100)$。

3.1.4 不可约多项式的个数 N_1 和 m 序列条数 N_m

由上面的分析可知道，当 $N=2^r-1$ 为素数时，由 $1+x^N$ 分解出的所有的级数为 r 的不可约多项式均为 m 序列的特征多项式。在这一部分，将给出由 $1+x^N$ 分解出的级数 r 的不可约多项式的条数 N_1 和能产生 m 序列的特征多项式的条数 N_m。

由唯一分解定理可知，任一个大于 1 的正整数 n，都可以表示为素数的乘积，即

$$n = \prod_{i=1}^{k} p_i^{\alpha_i} \tag{3-25}$$

式中，p_i 为素数；α_i 是正的幂数。不难求出一个求 r 次不可约多项式个数的普遍公式

$$N_m = \frac{1}{r}\Big[2 - \sum_{i=1}^{m} 2^{r/p_i} + \sum_{1\leqslant <j\leqslant m} 2^{r/p_i p_j} - \sum_{1\leqslant <j<k\leqslant m} 2^{r/p_i p_j p_k} + \cdots + (-1)^m 2^{r/p_1 p_2 \cdots p_m}\Big]$$

具体数值见表 3-2。

表 3-2 m 序列长度、不可约多项式个数和 m 序列的条数

级数 r	2^r-1	N_m	N_1
1	1	1	2
2	3^α	1	1
3	7^α	2	2
4	31^α	6	6
5	63	6	9
6	127	18	18

续表 3-2

级数 r	2^r-1	N_m	N_1
7	255	16	30
8	511	48	56
9	1023	60	99
10	1023	60	99
11	2047	176	186
12	4095	144	335
13	8191	630	630
14	16383	756	1161
15	32767	1800	2182
16	65535	2048	4080
17	131071	7710	7710
18	262143	8064	14532
19	524287	27594	27594
20	1048575	24000	52377
21	2098151	84672	99858
22	4194303	120032	190557
23	8388607	356960	364722
24	16777215	276480	698870

3.1.5 *m* 序列的反馈系数

一个线性反馈移位寄存器能否产生 m 序列，决定于它的电路反馈系数 c_i，也就是它的递归关系式。不同的反馈系数，产生不同的移位寄存器序列。不同级数的最长线性移位寄存器序列的反馈系数见表 3-3。$r \geqslant 9$ 时，由于 m 序列的条数很多，不可能在此一一列出，故只列出了一部分。

表 3-3 m 序列的反馈系数

级数	长度 N	反馈系数
3	7	13
4	15	23
5	31	45，67，75
6	63	103，147，155
7	127	203，211，217，235，277，313，325，345，367
8	225	435，453，537，543，545，551，703，747
9	511	1021，1055，1131，1157，1167，1175
10	1023	2011，2033，3157，2443，2745，3471
11	2047	4005，4445，5023，5263，6211，7363
12	4095	10123，11417，12515，13505，14127，15053
13	8191	20033，23261，24633，30741，32535，37505
14	16383	42103，51761，55753，60153，71147，67401
15	32767	1000003，110013，120265，133663，142305，164705
16	65535	210013，233303，307572，311405，347433，375213
17	131071	400011，411335，444257，527427，646775，714303
18	262143	10000201，1002241，1025711，1703601
19	524287	2000047，2020471，2227023，2331067，2570103，3610353
20	1058575	4000011，4001151，4004515，442235，6000031

表 3-3 中的反馈系数的数字为八进制数。将其转换为二进制数后，就可得到对应的反馈系数。如 $r=9$，反馈系数为 1157，转换成二进制数，并与移位寄存器相对应，可得

$$\begin{matrix} c_9 & c_8 & c_7 & c_6 & c_5 & c_4 & c_3 & c_2 & c_1 & c_0 \\ 1 & 0 & 0 & 1 & 1 & 0 & 1 & 1 & 1 & 1 \end{matrix}$$

即 $c_9=c_6=c_5=c_3=c_2=c_1=c_0=1$ 有反馈，$c_8=c_7=c_4=0$ 无反馈。同时可以得到产生 m 序列的特征多项式相对于 1157 的反馈系数。特征多项式为

$$f(x) = x^9 \oplus x^6 \oplus x^5 \oplus x^3 \oplus x^2 \oplus x \oplus 1 \tag{3-26}$$

表 3-3 中的 m 序列的反馈系数只列出了一部分。通过这些反馈系数，还可以求出对应的镜像序列的反馈抽头和特征多项式。所谓的镜像序列是与原序列相反的序列。如 $r=3$ 的序列为 1110100，镜像序列为 0010111。可以通过下式，由原序列的特征多项式 $f(x)$ 求镜像序列的特征多项式 $f^{(R)}(x)$，即

$$f^{(R)}(x) = x^r f\left(\frac{1}{x}\right) \tag{3-27}$$

在以上介绍中分别给出了不可约多项式与本原多项式个数的计算方法。根据这些公式或相应的表可以求出或查到 r 次不可约多项式与本原多项式的个数，$r=7$ 的原序列与镜像序列的结构如图 3-9 所示。但是仅仅知道这些多项式的个数是不够的。为了解决实际问题，还必须进一步把所有 r 次不可约多项式与本原多项式的具体形式找出来。这是一项很繁琐的工作，特别是次数高的情况下，需借助于计算机完成。这方面工作已完成，并已把结果制成表，可供查用，见表 3-4。

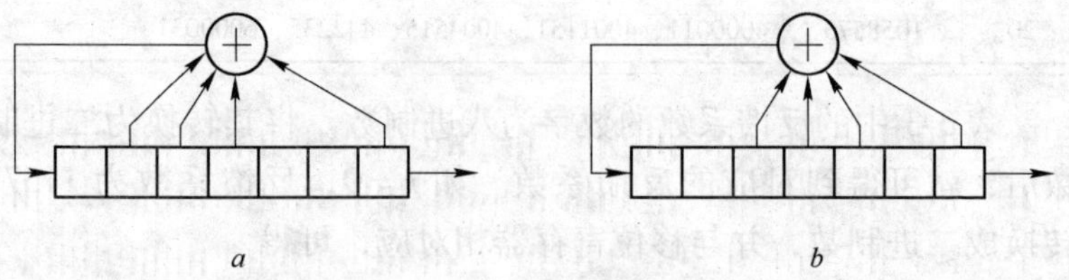

图 3-9 $r=7$ 的原序列与镜像序列的结构

a—原序列；b—镜像序列

表 3-4 F_2 上本原多项式（次数≤168，每个次数一个）

级 数	本原多项式					级 数	本原多项式				
1	1	0				23	23	5	0		
2	2	1	0			24	24	4	3	1	0
3	3	1	0			25	25	3	0		
4	4	1	0			26	26	3	7	1	0
5	5	2	0			27	27	8	7	1	0
6	6	1	0			28	28	3	0		
7	7	1	0			29	29	2	0		
8	8	6	5	1	0	30	30	16	15	1	0
9	9	4	0			31	31	8	0		
10	10	8	0			32	32	28	27	1	0
11	11	2	0			33	33	13	0		
12	12	7	4	3	0	34	34	15	14	1	0
13	13	4	3	1	0	35	35	2	0		
14	14	12	11	1	0	36	36	11	0		
15	15					37	37	12	10	2	0
16	16					38	38	6	5	1	0
17	17					39	39	4	0		
18	18					40	40	21	19	2	0
19	19					41	41	3	0		
20	20					42	42	23	22	1	0
21	21					43	43	6	5	1	0
22	22					44	44	27	26	1	0

注：1. 本原多项式栏中列出的是该多项式非零系数的幂次。例如，210 代表 x^2+x+1，86510 代表 $x^8+x^6+x^5+x+1$。

2. 对于一个给定的次数 $n\leqslant 168$，如果有本原三项式存在，这个表里就列出一个本原三项式 x^n+x^k+1 而 k 尽可能地小；如果没有本原 n 次三项式存在，这个表里就列出了一个本原五项式 $x^n+x^{b+a}+x^b+x^a+1$，而 $0<a<b<n-a$，同时 a 尽可能地小，而在 a 尽可能小的前提下，b 又尽可能地小。

3.1.6 *m* 序列发生器结构

m 序列发生器的结构一般有两种形式，简单型（SSRG）和模件抽头型（MSRG）。

3.1.6.1 SSRG

SSRG 的结构如图 3-10 所示。这种结构的反馈逻辑由特征多项式确定，这种结构的缺点在于反馈支路中的器件时延是迭加的，即等于反馈支路中所有模 2 加法器延时的总和。因此，限制了伪随机序列的工作速度。提高 SSRG 工作速率的办法之一是选用抽头数目少的 *m* 序列，这样，还可简化序列产生器的结构。

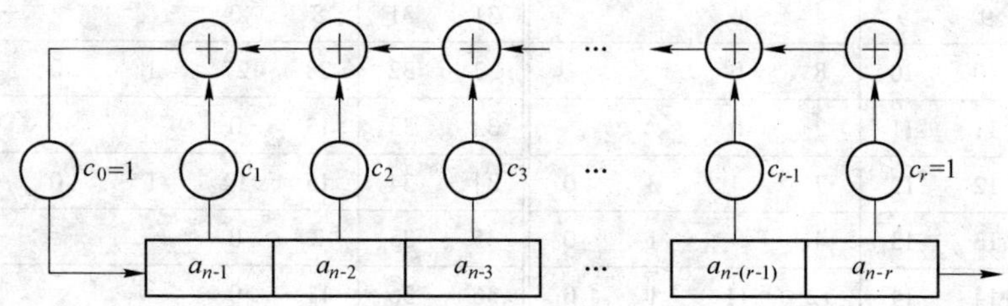

图 3-10 SSRG 结构

SSRG 型序列产生器的最高工作频率为

$$f_{\max} = \frac{1}{T_R + \Sigma T_M} \tag{3-28}$$

式中，T_R 为一级移位寄存器的传输延时，ΣT_M 为反馈网络中模 2 加延时的总和。

3.1.6.2 MSRG

提高伪随机序列工作速率的另一办法，就是采用 MSRG 型结构，图 3-11 给出了这种序列产生器的结构。

这种结构的特点是：在它的每一级触发器和它相邻一级触发器之间，接入一个模 2 加法器，反馈路径上无任何延时部件。这种类型的序列发生器已被模块化。这种结构的反馈总延时，只是一个模 2 加法器的延时时间，故能提高发生器的工作速度。

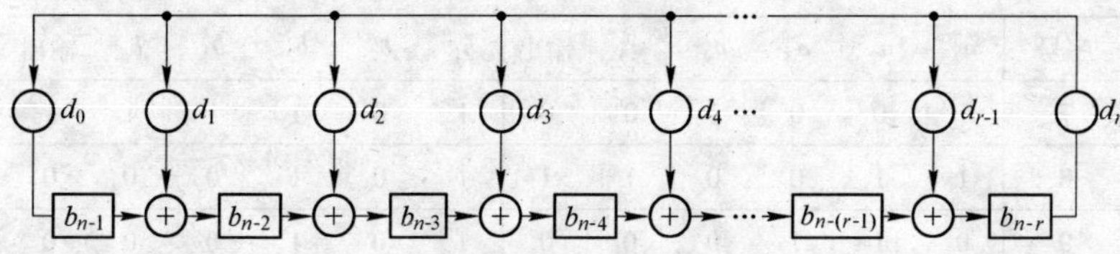

图 3-11 MSRG 结构

MSRG 型序列产生器的最高工作频率为

$$f_{\max} = \frac{1}{T_{\mathrm{R}} + T_{\mathrm{M}}} \tag{3-29}$$

式中，T_{M} 为一级模 2 加法器的传输延时。

图 3-12 所示为两种不同结构的产生器，它们各自的状态转移表见表 3-5。

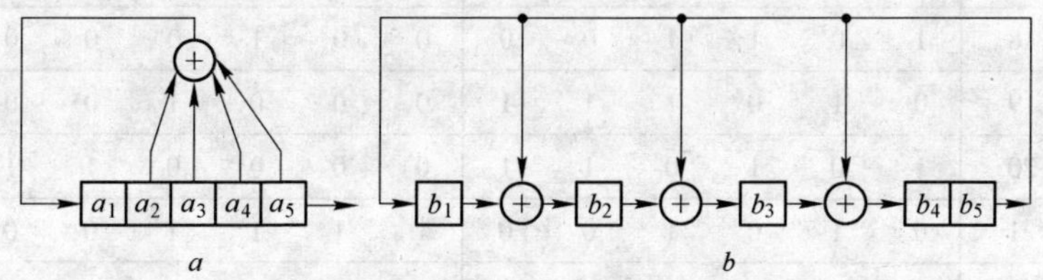

图 3-12 $r=5$ 序列产生器

a—SSRG 结构；b—MSRG 结构

表 3-5 SSRG 和 MSRG 两种结构的状态转移

序号	a_1	a_2	a_3	a_4	a_5	输出	b_1	b_2	b_3	b_4	b_5	输出
1	1	1	1	1	1	1	1	1	1	1	1	1
2	0	1	1	1	1	1	1	0	0	0	1	1
3	0	0	1	1	1	1	1	0	1	1	0	0
4	1	0	0	1	1	1	0	1	0	1	1	1
5	0	1	0	0	1	1	1	1	0	1	1	1
6	0	0	1	0	0	0	1	0	0	1	1	1

续表 3-5

序号	a_1	a_2	a_3	a_4	a_5	输出	b_1	b_2	b_3	b_4	b_5	输出
7	1	0	0	1	0	0	1	0	1	1	1	1
8	1	1	0	0	1	1	1	0	1	0	0	0
9	0	1	1	0	0	0	1	0	1	0	0	0
10	0	0	1	1	0	0	0	1	0	1	0	0
11	0	0	0	1	1	1	0	0	1	0	1	1
12	0	0	0	0	1	1	1	1	1	0	0	0
13	1	0	0	0	0	0	0	1	1	1	0	0
14	0	1	0	0	0	0	0	0	1	1	1	1
15	1	0	1	0	0	0	1	1	1	0	1	1
16	1	1	0	1	0	0	1	0	0	0	0	0
17	0	1	1	0	1	1	0	1	0	0	0	0
18	1	0	1	1	0	0	0	0	1	0	0	0
19	0	1	0	1	1	1	0	0	0	1	0	0
20	1	0	1	0	1	1	0	0	0	0	1	1
21	0	1	0	1	0	0	1	1	1	1	0	0
22	0	0	1	0	1	1	0	1	1	1	1	1
23	0	0	0	1	0	0	1	1	0	0	1	1
24	1	0	0	0	1	1	1	0	0	1	0	0
25	1	1	0	0	0	0	0	1	0	0	1	1
26	1	1	1	0	0	0	1	1	0	1	0	0
27	0	1	1	1	0	0	0	1	1	0	1	1
28	1	0	1	1	1	1	1	1	0	0	0	0
29	1	1	0	1	1	1	0	1	1	0	0	0
30	1	1	1	0	1	1	0	0	1	1	0	0
31	1	1	1	1	0	0	0	0	0	1	1	1
32	1	1	1	1	1	1	1	1	1	1	1	1

3.2 *m* 序列的基本随机特性

m 序列具有非常优良的数字理论特性，这是它能够得到广泛应用的根本原因，*m* 序列既具有一定的随机性，又具有确定性(周期性)，以下为它的主要理论特性：

3.2.1 均衡性

序列中“1”和“0”个数具有均衡性，即在每个周期 $\boldsymbol{T}=2^n-1$ 内，“0”出现 $2^{n-1}-1$ 次，“1”出现 2^{n-1} 次。

3.1 节已经阐明，周期 $\boldsymbol{T}=2^n-1$ 的 *m* 序列，是由 *n* 级线性反馈移位寄存器产生的，其反馈逻辑是（$X^{2^n-1}\oplus 1$）型二项式的本原多项式。这个多项式就是该线性移位寄存器的状态变换矩阵 $\boldsymbol{T}$ 的特征多项式，而且满足

$$\boldsymbol{T}^{2^n-1}=1 \tag{3-30}$$

这就表明，该反馈线性移位寄存器的状态经过 2^n-1 次变换后回到初始状态，完成一个循环周期，在这 2^n-1 次变换中，恰好遍历了除“全 0”之外的全部 2^n-1 种状态。于是，若把这 2^n-1 个非零状态排列起来，就得到从 1，2，3，…直到 2^n-1 的 *n* 位二进表示式

$$2^r-1\text{ 位}\left\{\begin{array}{l}\overbrace{000\cdots001}^{r\text{位}}\\000\cdots010\\000\cdots011\\000\cdots100\\000\cdots101\\\quad\vdots\\111\cdots011\\111\cdots100\\111\cdots101\\111\cdots110\\111\cdots111\end{array}\right. \tag{3-31}$$

显然，从每一位寄存器的输出序列（即上述状态矩阵的每一列矩阵）来看，由于没有全零状态，故少一位 0，即有 2^n-1 个 1，$2^{n-1}-1$ 个 0。

这就证明了性质 1。

3.2.2 游程

每周期内共有 2^n-1 个游程，其中长度等于 i 的游程占游程总数的 $1/2^i$，$1\leqslant i\leqslant n-2$，此外，还有一个长为 n 的“1”游程，一个长为（$n-1$）的“0”游程；

m 序列是由 n 级反馈移位寄存器产生，在一个周期中，游程最大长度为 n。对于 $1\leqslant i\leqslant n-2$，长度等于 i 的游程可能取如下形式

$$\overbrace{100\cdots01}^{i个}\qquad\overbrace{\times\times\cdots\times}^{r-i-2个}$$

$$\overbrace{011\cdots10}^{i个}\qquad\overbrace{\times\times\cdots\times}^{r-i-2个}$$

其中，符号“×”表示该位码元可取 0 也可取 1。显然，一共有 $2^{n-i-2}+2^{n-i-2}$ 种这类形式，即在一个周期内，长为 i 的 0 游程与 1 游程的总数为 $2\cdot2^{n-i-2}=2^{n-i-1}$。

由于不存在全 0 状态，因此，不存在长度等于 n 的 0 游程，只有一个长度等于 $n-1$ 的 0 游程，且取 $\cdots\overbrace{100\cdots01}^{r-1个}\cdots$ 形式。

由于全部非 0 状态都在一个周期内出现一次（也只出现一次），因此，必有一个长度等于 n 的 1 游程，且取下述形式

$$\cdots\overbrace{011\cdots10}^{r个}\cdots$$

另外，不存在长为 $n-1$ 的 1 游程，因为

$$\overbrace{011\cdots1}^{r-1个}\qquad 和\qquad \overbrace{11\cdots10}^{r-1个}$$

状态已在长为 n 的 1 游程中考虑过了，而形式 $\overbrace{011\cdots10}^{r-1个}$ 是不可能出现的（若此形式出现，则 $\overbrace{011\cdots1}^{r-1个}$ 状态必然转变为 $\overbrace{11\cdots10}^{r-1个}$ 状态；事实上 $\overbrace{011\cdots1}^{r-1个}$ 状态的后继应当是 $\overbrace{11\cdots1}^{r个}$，两者相矛盾，故属不可能）。于是，上述各种游程的总数为

$$1+1+\sum_{i=1}^{r-2}2^{r-i-1}=2^{r-1} \tag{3-32}$$

而长为 $i(1\leqslant i\leqslant n-2)$ 的游程占总游程数的

$$\frac{2^{r-i-1}}{2^{r-1}}=2^{-i} \tag{3-33}$$

这就证明了性质 2。

3.2.3 循环相加性

若某个 n 级线性反馈移位寄存器产生的 m 序列，根据它的反逻辑可以写出 $\{x_p\}$ 序列

$$x_p=\sum_{i=1}^{r}{}_{(2)}c_ix_{p-i} \tag{3-34}$$

当然也有 $\{x_{p-i}\}$

$$x_{p-\tau}=\sum_{i=1}^{r}{}_{(2)}c_ix_{p-\tau-i} \tag{3-35}$$

其中 c_i，$i=1, 2, \cdots, r$ 是各级的反馈系数。现求其模 2 和

$$x_p\oplus x_{p-\tau}=\sum_{i=1}^{r}{}_{(2)}c_i(x_{p-i}\oplus x_{p-\tau-i}) \tag{3-36}$$

其中符号 $\sum_{i=1}^{r}{}_{(2)}$ 表示模2 加。可见，$\{x_p\oplus x_{p-\tau}\}$ 与 $\{x_p\}$ 是具有相同反馈逻辑的 m 序列，只是初相不同。因此，一般地可以表示为

$$\{x_p\}\oplus\{x_{p-\tau}\}=\{x_{p-l}\},\quad l\neq\tau \tag{3-37}$$

这个性质，称为 m 序列的循环相加性，用文字来表述是：m 序列 $\{x_p\}$ 与其循环移位序列 $\{x_{p-\tau}\}$ 的模 2 和，必为此序列的另一个循环移位序列 $\{x_{p-l}\}$，生成后的 m 序列可以看作原 m 序列经过 τ 延时后的结果，如图 3-13 所示。

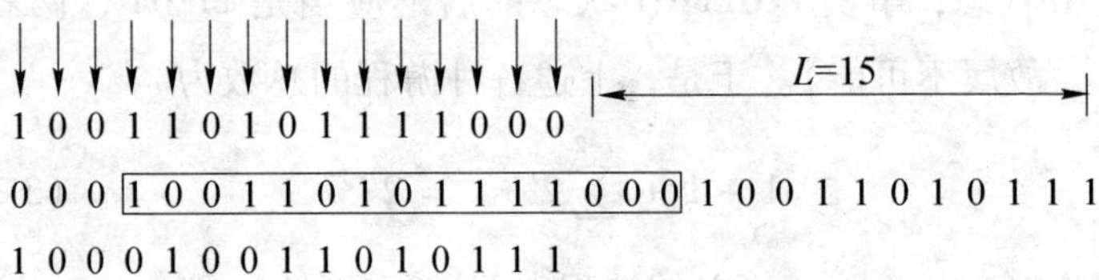

图 3-13　m 序列的移位相加特性

需要注意的是：在考虑序列的模 2 加法时，序列应取 1，0 而不是 -1，1。

3.2.4　优良的自相关特性

为了产生实际中的波形和利于数学处理，常常采用的是 m 序列的双极型形式，即 $m_i \in \{-1,1\}$，这里，$m_i = 1-2a_i$。

定义 1　设 $\boldsymbol{a} = (a_1, a_2, \cdots)$ 是周期为 T 的二元序列，通过变换 $b_k = 1-2a_i$ 或 $b_k = e^{i\pi a_k}(i^2 = -1)$ 得到的 $\{-1, 1\}$ 的序列记为 $\boldsymbol{b} = (b_1, b_2, \cdots)$。称

$$R_a(\tau) = \frac{1}{T}\sum_{k=1}^{T} b_k b_{k+\tau} \quad (0 \leqslant \tau \leqslant T-1) \tag{3-38}$$

为二元序列 $\boldsymbol{a}$ 的双极性归一化自相关函数。

应当注意，当由 $\{0, 1\}$ 转化为 $\{1, -1\}$ 后，根据定义 1 计算相关函数时，是在数域上而不是在有限域上进行的。

根据定义 1，可以得到 m 序列自相关函数的数学表达式

$$R_{mm}(k) = \frac{T+1}{T}\delta(k) - \frac{1}{T}$$

其中

$$\delta(k) = \begin{cases} 1 & k = 0 \\ 0 & k \neq 0 \end{cases} \tag{3-39}$$

从式（3-39）可以看出，若取多个周期，则 $k=0$ 时，m 序列的归一化自相关函数值为1，其他时刻时值为 $-1/T$。

图3-14所示为单极性 m 序列和双极性 m 序列的自相关函数曲线比较。可以得到如下规律：（1）m 序列的单极性和双极性的自相关曲线在 $t=0$ 处都有一个尖峰，其他处的值都很小；（2）双极性 m 序列的自相关曲线具有更为良好的特性；（3）由于自相关函数具有类冲激性质，则其功率谱具有很宽的值，类似于白噪声。本书中以后部分如无特别说明，m 序列均指的是双极性的。

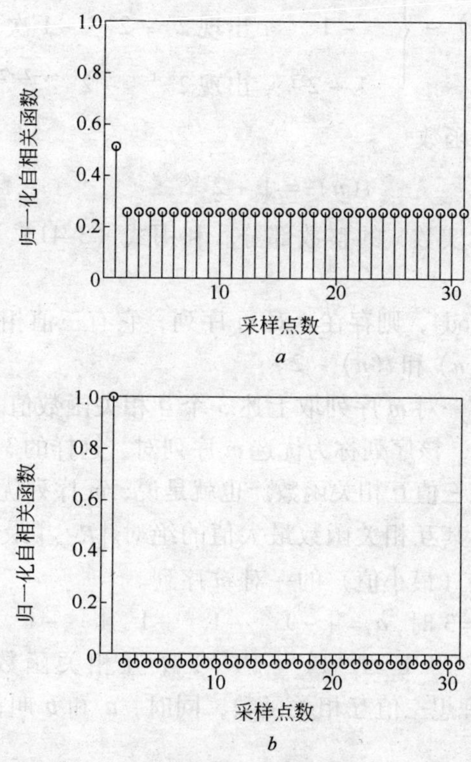

图3-14　不同极性 m 序列的自相关函数

a—单极性 m 序列；b—双极性 m 序列

3.2.5　互相关特性

实际中常常关心的是不同序列间的互相关函数，所以在此讨论不同本原多项式生成的 m 序列间的互相关函数。

［**定理2**］　令 $\boldsymbol{a}$ 和 $\boldsymbol{b}$ 是周期 $T=2^n-1$ 的 m 序列。如果 a 的本原元为 a^q，在此 $q=2^k-1$ 或 $q=2^{2k}-2^k+1$，而 k 是使 $e=gcd(n,k)$ 且 n/e 为奇数的正整数，则 $\boldsymbol{a}$、$\boldsymbol{b}$ 间的互相关函数取值情况如下

$$R_{ab}(n)=\begin{cases}-1+2^{\frac{n+e}{2}} & \text{出现 } 2^{n-e-1}+2^{(n-e-2)/2} \text{ 次} \\ -1 & \text{出现 } 2^n-2^{n-e}-1 \text{ 次} \\ -1-2^{\frac{n+e}{2}} & \text{出现 } 2^{n-e-1}-2^{(n-e-2)/2} \text{ 次}\end{cases} \tag{3-40}$$

引入下述函数

$$t(n)=1+2^{\lfloor (n+2)/2 \rfloor} \tag{3-41}$$

其中 $\lfloor x \rfloor$ 表示实数 x 的整数部分。利用式（3-41）可将定理表述如下：

若 $n \neq 0 \bmod 4$，则存在一对 m 序列，它有三值相关函数，且值为 -1，$-t(n)$ 和 $t(n)-2$。

若给定的一对 m 序列取上述3个互相关函数值 -1，$-t(n)$ 和 $t(n-2)$ 时，该序列称为优选 m 序列对。这样的3个互相关函数值称为理想三值互相关函数。也就是说，m 序列优选对是指在 m 序列集中，其互相关函数最大值的绝对 $|R_{\max}|$ 最接近或达到互相关值下限（最小值）的一对 m 序列。

例如，$n=3$ 时，$\boldsymbol{a}=[-1\ \ -1\ \ -1\ \ 1\ \ -1\ \ 1\ \ 1]$；$\boldsymbol{b}=[-1\ \ -1\ \ -1\ \ 1\ \ 1\ \ -1\ \ 1]$；互相关函数是 $[-1\ \ -5\ \ 3]$，是理想三值互相关函数，同时，$\boldsymbol{a}$ 和 $\boldsymbol{b}$ 叫做优选 m 序列对。

例如，$n=6$ 的本原多项式：103F 和 147H。103F 的本原多项式 $f(x)=x^6+x+1$ 107H 的本原多项式 $g(x)=x^6+x^5+x^2+$

$x+1$，经计算得

$$|R_{a,b}(k)| = 17$$

达到互相关值下限，故 103F 和 147H 构成优选对。而本原多项式 103F 和 155E 的 $|R_{a,b}(k)| = 23 > 17$，因此，103F 和 155E 不是优选对。

为了应用方便，现列出 7，9，10，11 级部分优选对，见表 3-6。

表 3-6　部分优选对码

级　数	基准本原多项式	配对本原多项式			
7	211	217	235	277	325
		203	357	301	323
	217	211	235	277	325
		213	271	357	323
	235	211	217	277	325
		313	221	361	357
	367	277	203	313	345
		221	361	271	375
9	1021	1131		1333	
	1131	1021	1055	1225	1725
	1461	1743	1541	1853	
10	2415	2011	3515	3177	
	2641	2517	2213	3045	
11	4445	4005	5205	5337	5263
	4215	4577	5747	6765	4563

3.3　伪随机序列相关函数的计算

在本书中常常需要计算伪随机序列的相关函数，在此介绍两种常用的方法。伪随机序列的一个基本特点，是它们具有类似白噪声的相关特性。为了说明伪随机序列的相关特性，首先说明一下伪随机序列与伪噪声波形的关系。一个二进伪随机序列，实际是一个取值1和0的离散符号序列，例如，长度为 $P=2^3-1=7$ 的 m 序列 $\{x\}$

$$\{x\}: 1\quad 1\quad 1\quad 0\quad 1\quad 0\quad 0 \tag{3-42}$$

但是，在进行信号处理时，需要将这种二进符号序列变换为对应的二进信号波形。它们之间的对应关系是

$$\begin{array}{ccc} \text{符号序列} & & \text{信号波形} \\ 1 & \Rightarrow & -1 \\ 0 & \Rightarrow & 1 \end{array} \tag{3-43}$$

例如，上述 m 序列（式 3-42）对应于图 3-15 的信号波形。

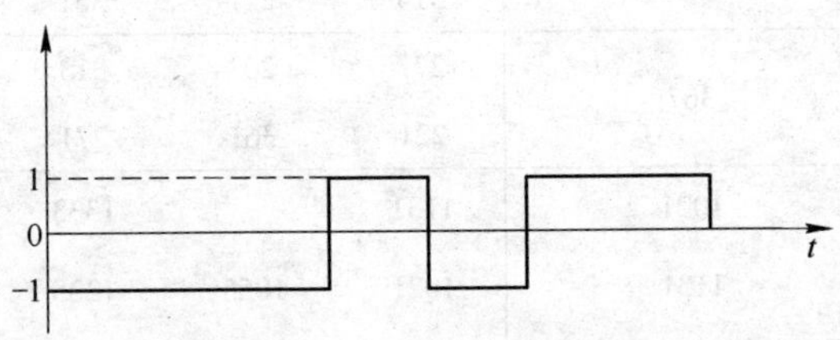

图 3-15　伪噪声码的信号波形

为了书写方便，也可将这个波形记为

$$x(t): -1\quad -1\quad -1\quad 1\quad -1\quad 1\quad 1 \tag{3-44}$$

在这种对应关系下，符号序列的模 2 和运算（它是计算相关系数的基本运算）就对应于信号波形的乘法运算，即

$$\{x\} \oplus \{y\} \sim x(t)\cdot y(t) \tag{3-45}$$

例如，下述二序列的模 2 加

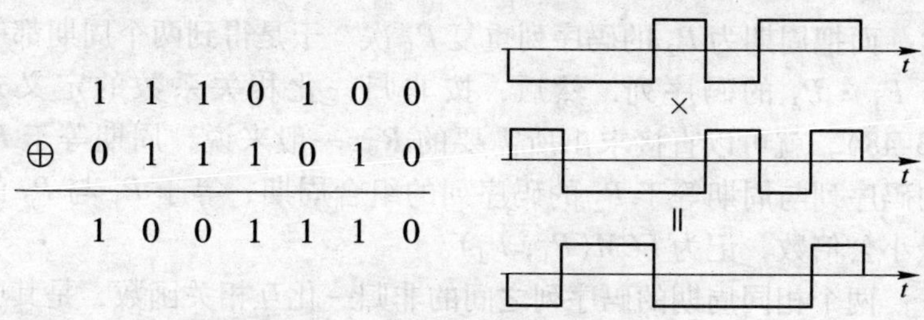

图 3-16　信号波形的乘法

对应图 3-16 所示相应两波形之积，或记为

$$\begin{array}{rrrrrrrr} & -1 & -1 & -1 & 1 & -1 & 1 & 1 \\ \times & 1 & -1 & -1 & -1 & 1 & -1 & 1 \\ \hline & -1 & 1 & 1 & -1 & -1 & -1 & 1 \end{array} \tag{3-46}$$

这是因为这两种运算是完全对应的

$$1 \oplus 1 = 0 \oplus 0 = 1; \qquad 1 \oplus 0 = 0 \oplus 1 = 1$$

$$(-1) \times (-1) = 1 \times 1 = 1; \quad (-1) \times 1 = 1 \times (-1) = -1 \tag{3-47}$$

一般来说，在进行理论分析时，用码的符号序列及模 2 和运算比较方便；在讨论具体实现时，则用信号波形以及乘法运算比较便当。

现在，分别来讨论伪随机码得号序列和相应的信号波形的相关系数和相关函数。两个相同周期的码序列之间的非归一化互相关系数定义为

$$R = 相同码元数 - 不同码元数 \tag{3-48}$$

如果两个码序列的周期 P_1 和 P_2 互素，它们之间的非归一化互相关系数可用下述方法得到：把周期为 P_1 的码序列重复 P_2

次，而把周期为 P_2 的码序列重复 P_1 次，于是得到两个周期都等于 $P_1 \cdot P_2$ 的码序列，然后，按非归一化相关系数的定义式(3-48)，就可以直接求出所需要的 R。一般来说，周期等于 P_1 的码序列与周期等于 P_2 的码序列的组合周期，等于 P_1 与 P_2 的最小公倍数，记为 $LCM(P_1, P_2)$。

两个相同周期的码序列之间的非归一化互相关函数，是其中一个码序列与另一个码序列的所有循环排列的非归一化互相关系数的集。如果两个序列助周期不同，则需要重复码序列，得到共同的周期。某个序列的非归一化自相关函数，是该序列与其所有循环排列的非归一化相关系数的集。

归一化的相关系数，定义为

$$\rho = \frac{相同码元数 - 不同码元数}{相同码元数 + 不同码元数} \tag{3-49}$$

归一化相关函数的定义也类此。

为了计算两个码序列的相关函数，需要先求它们在 $\tau = 0, 1, 2, \cdots$ 时的相关系数。这里，τ 是第二个码序列相对于第一个码序列的循环移位数。求相关系数可以直接把一个序列与另一个序列 ($\tau = 0, 1, 2, \cdots$) 逐位进行模 2 和。若对应的码位相同，模 2 和就是 0，不同则为 1。于是

$$R = \text{“0”的数目} - \text{“1”的数目} \tag{3-50}$$

例如：1 1 1 0 0 1 0 1 1 1 0 与 0 1 0 1 1 1 0 0 0 1 0

$\tau = 0$

$$\begin{array}{r} 1\ 1\ 1\ 0\ 0\ 1\ 0\ 1\ 1\ 1\ 0 \\ \oplus\ 0\ 1\ 0\ 1\ 1\ 1\ 0\ 0\ 0\ 1\ 0 \\ \hline 1\ 0\ 1\ 1\ 1\ 0\ 0\ 1\ 1\ 0\ 0 \end{array} \tag{3-51}$$

$$R = 5 - 6 = -1; \qquad \rho = \frac{5-6}{5+6} = -\frac{1}{11} \tag{3-52}$$

$\tau = 1$

$$
\begin{array}{r}
1\ 1\ 1\ 0\ 0\ 1\ 0\ 1\ 1\ 1\ 0 \\
\oplus\ 0\ 0\ 1\ 0\ 1\ 1\ 1\ 0\ 0\ 0\ 1 \\
\hline
1\ 1\ 0\ 0\ 1\ 0\ 1\ 1\ 1\ 1\ 1
\end{array}
\tag{3-53}
$$

$$R = 3 - 8 = -5; \quad \rho = \frac{3-8}{3+8} = -\frac{5}{11} \tag{3-54}$$

等等。最后可以得到相关函数为

τ	0	1	2	3	4	5	6	7	8	9	10
R	−1	−5	−1	−1	7	−5	−1	3	3	−1	−1
ρ	−1/11	−1/11	−1/11	−1/11	7/11	−5/11	−1/11	3/11	3/11	−1/11	−1/11

相应的信号波形的相关系数和相关函数的概念完全与此相似。

两个具有相同周期 T 的二进波形 $x_1(t)$ 与 $x_2(t)$ 的相关系数定义为

$$R = \int_0^T x_1(t)x_2(t)\,\mathrm{d}t \tag{3-55}$$

如果 $x_1(t)$ 的周期与 $x_2(t)$ 的不同，分别为 T_1 和 T_2，则相关系数定义为

$$R = \int_0^{T_1T_2} x_1(t)x_2(t)\,\mathrm{d}t \tag{3-56}$$

类似地，归一化相关系数定义为

$$\rho = \frac{1}{T}\int_0^T x_1(t)x_2(t)\,\mathrm{d}t \tag{3-57}$$

和

$$\rho = \frac{1}{T_1T_2}\int_0^T x_1(t)x_2(t)\,\mathrm{d}t \tag{3-58}$$

互相关函数定义为

$$R(\tau) = \int_0^T x_1(t)x_2(t+\tau)\,\mathrm{d}t \tag{3-59}$$

和

$$R(\tau) = \int_0^{T_1T_2} x_1(t)x_2(t+\tau)\mathrm{d}t \qquad (3\text{-}60)$$

归一化互相关函数定义为

$$\rho(\tau) = \frac{1}{T}\int_0^{T} x_1(t)x_2(t+\tau)\mathrm{d}t \qquad (3\text{-}61)$$

和

$$\rho(\tau) = \frac{1}{T_1T_2}\int_0^{T_1T_2} x_1(t)x_2(t+\tau)\mathrm{d}t \qquad (3\text{-}62)$$

同样，两个相间周期的二进波形的相关函数也是周期性的，而且它的周期就等于波形本身的周期。而如果波形的周期不同，那么，它们的相关函数仍然是周期性的，不过，它的周期等于这个波形周期的最小公倍数。

关于周期互素的两个二进序列的互相关函数以及与它们相应的两个二进波形的互相关函数，有下面的结果。

周期互素的两个二进序列的互相关函数是一个常数；周期互素的两个二进波形的互相关函数也是一个常数。如果这个常数很小，那么不大严格地说，这两个序列是正交的。同理，这两个波形也是正交的。

例如：有两个序列，它们的周期互素

$\{x_i\}$：1110100

$\{y_i\}$：110

试求它们的互相关函数。

首先考察 $\tau = 0$ 的情形

```
  1 1 1 0 1 0 0 1 1 1 0 1 0 0 1 1 1 0 1 0 0
⊕ 1 1 0 1 1 0 1 1 0 1 1 0 1 1 0 1 1 0 1 1 0
---------------------------------------------
  0 0 1 1 0 0 1 0 1 0 1 1 1 1 1 0 0 0 0 1 0
```

$$\rho = \frac{\text{“0”数} - \text{“1”数}}{\text{“0”数} + \text{“1”数}} = \frac{11-10}{11+10} = \frac{1}{21}$$

对于 $\tau = 1$

```
  1 1 1 0 1 0 0 1 1 1 0 1 0 0 1 1 1 0 1 0 0
⊕ 0 1 1 0 1 1 0 1 1 0 1 1 0 1 1 0 1 1 0 1 1
---------------------------------------------
  1 0 0 0 0 1 0 0 0 1 1 0 0 1 0 1 0 1 1 1 1
```

$$\rho = \frac{11 - 10}{11 + 10} = \frac{1}{21}$$

对于$\tau = 2$

```
  1 1 1 0 1 0 0 1 1 1 0 1 0 0 1 1 1 0 1 0 0
⊕ 1 0 1 1 0 1 1 0 1 1 0 1 1 0 1 1 0 1 1 0 1
---------------------------------------------
  0 1 0 1 1 1 1 1 0 0 0 0 1 0 0 0 1 1 0 0 1
```

$$\rho = \frac{11 - 10}{11 + 10} = \frac{1}{21}$$

可见，它们的互相关函数是一个常数。

由此例看出，如果$(P_1, P_2) = 1$，且$P_1 < P_2$，那么，最多只需要计算P_1次，就可以求出互相关函数。这是因为短周期序列循环移位P_1次之后，它就回到了原来的位置，此后则出现重复。

4 运用 m 序列测量声场脉冲响应

4.1 m 序列法测量脉冲响应的发展历史

脉冲响应反向积分法应用了现代数字处理技术，使用方便、快捷。更重要的是，在原理上，脉冲响应反向积分法比声源切断法具有更高的稳定性和可重复性，尤其在低频段（小于 250Hz）测量更具有优势，因此，宜选择脉冲响应反向积分法进行测量。另外，使用脉冲积分法还可以得到其他辅助声学参数，这些参数包括：早期衰减时间（EDT）、强度因子（G）、相对声压级、早期声能比、侧向声能比、双耳互相关函数。这些参数尚处于研究阶段，混响时间测量可同时测量这些参数，将为房间音质在混响时间指标基础上提供更广泛、更高精度的参照，并使更多人有机会在本规范基础上尝试测量新的参数，以期最终使这些参数在实践中不断完善并得到公认。

脉冲积分法中近几十年来得到广泛应用的一种方法是 m 序列法，该方法测量脉冲响应的系统装置如图 4-1 所示。由主控计算机产生的 m 序列经过 D/A 转换、功率放大后馈至扬声器发声，测点处的传声器将声信号转换为电信号，经过放大、A/D 转换后输回到计算机进行记录并进行相应的分析处理，从而得到声场

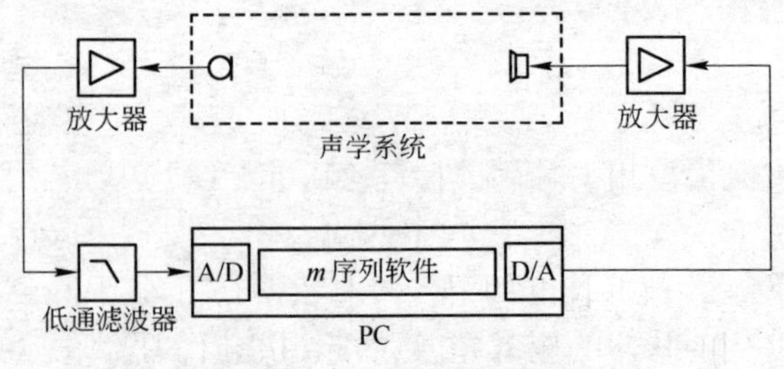

图 4-1 m 序列法测量系统

的脉冲响应函数。

与其他常规的测量方法相比较，这种方法具有两个明显的优点。其一，由于输入的 *m* 序列信号与待测系统的背景噪声是不相关的，于是可以通过多次测量平均等手段来减少背景噪声的影响。一般来讲，在信噪比低于 -20dB 的环境中仍可应用这种方法来进行有效的测量；而常规的方法要求信噪比不小于 10dB。其二，由于采用了 A/D 转换，数字滤波技术，快速 FMT 变换等数字信号处理技术，使得整个测量异常方便迅速。与常规的方法相比较，仅需几十分之一的时间。

m 序列法的这种优越性使得它在短短的几十年时间内得到了长足的发展，并成功地应用于实际测量。然而，每种成熟的技术都是在不断的探索完善中发展起来的，*m* 序列法也不例外，它也有其局限性，对其进行不断的研究改进是必然的。

4.1.1 *m* 序列法测量脉冲响应的国外研究状况

用最大长度序列（*m* 序列或 *MLS* 序列）测量线性系统脉冲响应的方法并不是最近才提出来的，其最初发展至少可追溯到 20 世纪 60 年代中期。在 1965 年，M. R. Schroeder 用 *m* 序列作为声源来测量厅堂的脉冲响应，并导出了混响衰变曲线，标志着 *m* 序列法研究的开端。根据对 *m* 序列法研究的不同出发点，这些研究内容及成果大体可以分为两个阶段或类型，即对算法的研究、对信号进行后处理等的研究等。

自从 M. R. Schroeder 发表了关于运用 *m* 序列计算混响时间的论文后，在随后的 60 年代中期至 90 年代初期，对 *m* 序列法的研究大多数是关于快速算法的运用以及改进。早期的 *m* 序列法在计算输入输出相关时，只有同一时期人们所熟悉的快速傅里叶变换可以应用。但是由于 *m* 序列的长度不是 2 整数次幂，不满足 FFT 算法对数据长度的要求，对数据补零后直接运用 FFT 算法计算得到的脉冲响应误差较大，直接进行 DFT 变换的乘法运算量太大，在当时的技术条件下处理速度很慢，所以人们致力于寻求更有效的快速算法。

根据 Hadamard 矩阵和 m 序列矩阵的相似性，Cohn 和 Lempel 将 Hadamard 矩阵应用于计算脉冲响应的算法，并经过不断的完善，形成了较完善的 m 序列法算法，即快速 Hadamard 变换（FHT 变换），从而使得算法运算量从基于 DFT 算法的 $O(N^2)$ 次的乘法运算量减小到了 $O(N\log_2(2N+1))$ 次的加法运算量。这些研究成果成功地解决了 m 序列法在当时的技术条件下运算效率低的难题，确立了 m 序列法在脉冲响应测量中的地位，并使得 m 序列相关技术在建筑声学测量中具有更有效更直接的应用。

在 1992 年，美国华裔学者 Xiang Ning 博士对现有的算法又进行了改进，他应用了右循环移位 $\boldsymbol{M}$ 矩阵使得相同周期长度的不同的 m 序列可以具有相同的转置矩阵，得到了所谓的 FMT 算法。在随后的几年，Xiang Ning 博士研究了互逆特征 m 序列对的特点并将其成功的应用到了双通道同步测量中。他对单通道的 FMT 进行了改进，发展了双通道 m 序列法的快速算法。

进入 90 年代后，对脉冲响应函数进行后期数字处理开始受到人们的关注。期间大量的文献通过实验等手段研究了 m 序列法的一些不足以及改进方法。Rife D. 和 Vanderkooy J. 对运用 m 序列法测量传输函数进行了研究，Vanderkooy J. 和 Bietz H. 等人分别在 1994 年和 1997 年对系统时变时 m 序列法的误差进行了研究；Hawksford M O. 从 1993 ~ 1995 年发表了多篇论文，研究非线性对 m 序列测量法的影响；同一时期，Xiang Ning 博士发表了关于运用非线性滤波法提高脉冲响应动态特性的论文。

鉴于 m 序列法对非线性的敏感性以及实际测量中脉冲响应的频域特性不是很理想的现实，人们对 m 序列法进行了一些改进。比如，对 m 序列信号进行预滤波减小系统为低通特性时测量效果不好的缺点，利用补偿法改善 m 序列法的频域特性等；为了减小非线性失真，提出了运用逆重复 m 序列作为输入激励信号的方法等。

由于 *m* 序列法抗干扰能力强的优点，人们也研究将 *m* 序列法应用于更宽的领域。

在短短的几十年时间内，*m* 序列法已经从研究阶段进入到了实用阶段。在国际标准化组织制定的 ISO3382 标准中，脉冲反向积分法和声源切断法都是被承认的标准测量方法，而且认为，一次脉冲反向积分法的测量精度与 10 次声源切断法的平均值相当，其中测量脉冲响应的两种新方法之一就是 *m* 序列法。在我国现行的厅堂混响时间测量规范 GBJ 76—1984 中尚未收录脉冲反向积分法，这主要是由于 20 年前标准制定时，该方法还没有被普遍承认，当时国内实验设备也不具备相应的数字化条件。近期即将修订的混响时间测量国标中，以 *m* 序列作为信号源的脉冲响应反向积分法有望被正式编入。

在应用方面，国外在 *m* 序列法的研究已经取得了较大的成就。不少研究机构或大型公司连续十多年致力于相关的声学测试系统或测试软件的开发与研究，并已相继推出了它们的商品化软件及产品，如美国 ADA 公司的 EASE 分析软件和 SDA 公司的 EASERA 分析软件，美国 DRA 实验室研制的基于最长序列 MLS 信号测试技术的扬声器电声分析系统 MLSSA，挪威 Norsonic 公司的 RTA 分析仪等。

不过，从总体上说，*m* 序列法测量技术还处于不断发展的阶段。尤其从实用性来看，该技术还显得不够成熟。

4.1.2 *m* 序列法测量脉冲响应的国内研究状况

我国的声学测量领域的研究起步较晚，从 20 世纪 80 年代至今，经过广大科研人员 20 多年的探索实践，声学测量得到了长足的发展。中科院声学所、清华大学以及同济大学王季卿教授、西北工业大学的陈克安教授、曾向阳博士等人对该领域的研究在国内的推广起了较大的作用。

同济大学声学研究所的俞悟周和王佐民教授在 90 年代末研

究了非线性滤波技术，随后在 2002 ~ 2005 年期间，该研究所的赵跃英、盛胜我教授等人对脉冲响应测量的不同激励声源以及信号处理方法对测量造成的误差进行了研究，也取得了一定的成果。中国传媒大学声学所的孟子厚博士在 2005 年通过实验研究了不同激励源时脉冲响应测量的结果。

不过，由于基础相对薄弱，加之研究规模和其他条件所限，总体水平与国外相比还有不小的差距。就当前形势而言，虽然国外声学公司的具体设计方案和数据是十几年甚至几十年工作的积累，作为商业秘密不可能公开，但核心原理和研究方法也并无秘密可言。因此，国内开展这类研究和开发工作完全有可能取得突破性的进展，对它进行系统、深入的研究既是十分必要的，也是相当有前途的。

4.2 *m* 序列法测量线性非时变系统脉冲响应的基本原理

4.2.1 *m* 序列法测量脉冲响应原理

本书只讨论运用 *m* 序列法测量线性非时变系统的脉冲响应，以下如无特别说明，待测系统都为线性非时变的。将 *m* 序列输入到如图 4-2 所示的线性系统（LTI）中，根据线性系统的相关理论，系统的输入 $\{m_k\}$ 和输出 $\{y_k\}$ 间的互相关函数 $R_{my}(k)$ 与输入信号的自相关函数 $R_{mm}(k)$ 的关系如下

$$R_{my}(k) = h(k) \cdot R_{mm}(k) \tag{4-1}$$

而 *m* 序列的自相关函数满足

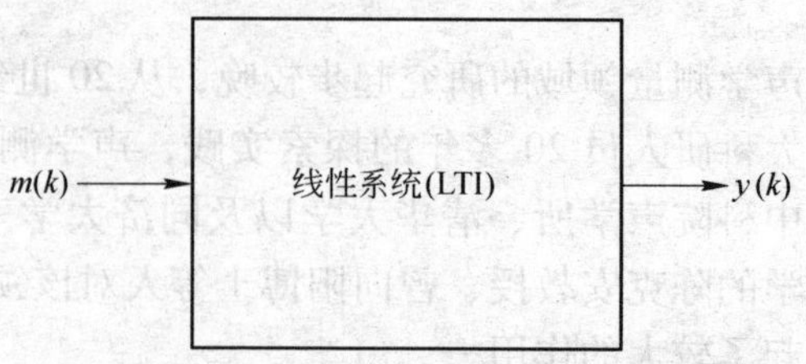

图 4-2 线性系统的输入输出响应

$$R_{mm}(k) = \frac{T+1}{T}\delta(k) - \frac{1}{T}$$

其中
$$\delta(k) = \begin{cases} 1 & k = 0 \\ 0 & k \neq 0 \end{cases} \tag{4-2}$$

代入式（4-1）得

$$h(k) = \frac{T}{T+1}\left[R_{my}(k) + \frac{1}{T}\sum_{k=0}^{T-1} h(k)\right] \tag{4-3}$$

容易证明有

$$\sum_{k=0}^{T-1} h(k) = T\sum_{k=0}^{T-1} R_{my}(k) \tag{4-4}$$

将式（4-4）代入式（4-3），得

$$h(k) = \frac{T}{T+1}\left[R_{my}(k) + \sum_{k=0}^{T-1} R_{my}(k)\right]$$

$$= \frac{1}{T+1}\left[\sum_{j=0}^{T-1} m_j y_{j+k} - \tilde{y}\right] \quad k = 0,1,\cdots,T-1 \tag{4-5}$$

这里下标 $j+k$ 是根据模 T 而计算出来的，式（4-5）可以用矩阵形式来表示

$$\boldsymbol{H} = \frac{1}{T+1}\left[\boldsymbol{MY} - \tilde{\boldsymbol{Y}}\right] \tag{4-6}$$

式（4-6）中 $\boldsymbol{H}$ 为脉冲响应向量，$\boldsymbol{M}$ 为双极性的 m 序列循环右移矩阵，T 为 m 序列的周期，$\boldsymbol{Y}$ 为输出响应向量，$\tilde{\boldsymbol{Y}}$ 为常数向量，代表直流量。这是由于输入双极性 m 序列自相关函数中的直流分量引起的，这个直流量可以通过将幅度对称的 m 序列 $\{m_k\}(m_k \in \{-1, 1\})$ 转化成为幅度不对称的 m 序列，即把 m 序列的所有的“-1”值转化成为 $-q(q = 1/(1+2\sqrt{T+1}))$ 而消除掉。从而式（4-6）就变为

$$\boldsymbol{H} = \frac{1}{T+1}\boldsymbol{MY} \tag{4-7}$$

该表达式称为 m 序列变换。

该式表明：用已知的 m 序列去激励一未知系统，只要将 $\boldsymbol{M}$ 矩阵与系统输出端的响应向量作乘积，并乘以因子 $1/T+1$，就可近似得到反映系统特性的脉冲响应，级 n 越大，周期 T 越长，该表达式就越接近于真实值。

4.2.2 快速 FMT 变换

$\boldsymbol{M}$ 矩阵是作为激励信号 m 序列的循环右移形式，它的矩阵大小是 $T\times T$，表示如下：

$$\boldsymbol{M}=(\boldsymbol{M}_{ij})=(m_{j-i(\mathrm{mod}T)})\quad i,j=0,1,2,\cdots,T-1 \tag{4-8}$$

式中，M_{ij}代表第 i 行和第 j 列的元素。$\boldsymbol{M}$ 矩阵第一行是所选的特征 m 序列，剩下的行由此 m 序列逐次循环右移而来，其中 $\boldsymbol{M}_{ij}=1-2a_{ij}$。很明显，随着级次 n 的增大，式（4-7）的计算量是呈指数递增的，为减小计算量，必须寻求 m 序列变换的快速算法。

研究发现 $\boldsymbol{M}$ 矩阵和哈达码变换矩阵 $\boldsymbol{H}_A$ 有相似之处，可把输入的特征 m 序列补一个 1 后，再循环右移并进行排序就可形成矩阵 $\boldsymbol{H}_A$ 进行哈达码变换。变换后只需进行一次重排，从重排的序列 2^n 个元素中取出 2^n-1 个元素，最后乘以因子 $1/(T+1)$ 后就得到了系统的脉冲响应矩阵，该变换称为快速 m 序列变换（FMT）。

图 4-3 为 FMT 数据流图。从 FMT 的数据流图可以看出，m 序列激励系统产生的响应 y，经历了：

（1）响应数据的排列；

（2）哈达码变换（FHT）矩阵 $\boldsymbol{H}_A$；

（3）变化后的数据重排；

（4）乘以因子 $1/(T+1)$ 的过程。

最后得到的是自然排序的系统脉冲响应。该过程可用以下分解公式得到

$$\boldsymbol{H}=\frac{1}{T+1}\boldsymbol{MY} \tag{4-9}$$

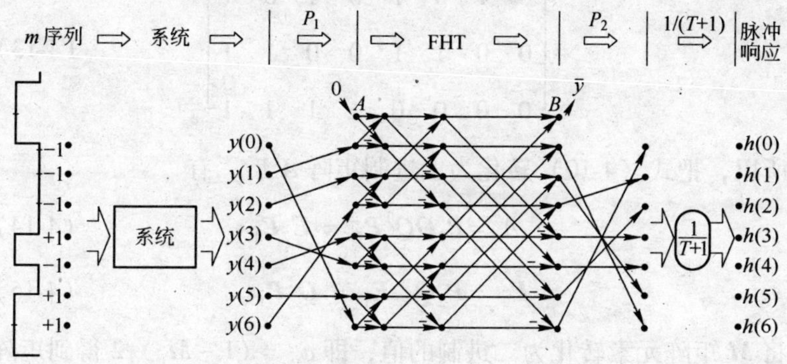

图 4-3 3 级 m 序列 FMT 变换信号流程

$$\boldsymbol{M} = \boldsymbol{P}_2\boldsymbol{H}_A\boldsymbol{P}_1 \tag{4-10}$$

$$\boldsymbol{H} = \frac{1}{T+1}\boldsymbol{P}_2\boldsymbol{H}_A\boldsymbol{P}_1\boldsymbol{Y} \tag{4-11}$$

从式（4-9）、式（4-10）和式（4-11）中可以看出，哈达码矩阵 $\boldsymbol{H}_A$ 是已知的矩阵，$\boldsymbol{Y}$ 是系统输出端测出的数据，因此，只要确定排列矩阵 $\boldsymbol{P}_1$ 和重排矩阵 $\boldsymbol{P}_2$，就完成了 FMT。

下面以 $n=3$ 为例来说明两个排列矩阵 $\boldsymbol{P}_1$、$\boldsymbol{P}_2$ 的构造过程，其信号流程如图 4-3 所示。

$n=3$ 对应的哈达码矩阵 $\boldsymbol{H}_A$ 秩为 8，可把 $\boldsymbol{H}_A$ 转化为二进制形式的 Reed-muller 矩阵 $\boldsymbol{R}_t$，即

$$\boldsymbol{R}_t(i,j) = \frac{1-\boldsymbol{H}_A(i,j)}{2} \tag{4-12}$$

可将矩阵 $\boldsymbol{R}_t$ 分解为

$$\boldsymbol{R}_t = \boldsymbol{Q}\boldsymbol{Q}^{\mathrm{T}}$$

其中因子 $\boldsymbol{Q}$ 可表示为十进制的下标索引形式

$$Q^{\mathrm{T}} = (0,1,2,3,4,5,6,7)_{\text{index}}$$

$$
=\begin{bmatrix} 0 & 1 & 0 & 1 & 0 & 1 & 0 & 1 \\ 0 & 0 & 1 & 1 & 0 & 0 & 1 & 1 \\ 0 & 0 & 0 & 0 & 1 & 1 & 1 & 1 \end{bmatrix} \tag{4-13}
$$

所以，把式（4-10）转化为二进制矩阵 $\boldsymbol{A}$ 后，有

$$
\boldsymbol{A} = \boldsymbol{P}_2\boldsymbol{Q}\boldsymbol{Q}^{\mathrm{T}}\boldsymbol{P}_1 = \boldsymbol{E}_2\boldsymbol{E}_1 \tag{4-14}
$$

$$
\boldsymbol{E}_2 = \boldsymbol{P}_2\boldsymbol{Q},\ \boldsymbol{E}_1 = \boldsymbol{Q}^{\mathrm{T}}\boldsymbol{P}_1 \tag{4-15}
$$

将 $\boldsymbol{M}$ 矩阵元素转化为二进制的值，即 $a_{ij} = (1 - \boldsymbol{M}_{ij})/2$ 得到矩阵 $\boldsymbol{A}$，然后进行矩阵分解如下

$$
\boldsymbol{A} = \begin{bmatrix} 1 & 1 & 1 & 0 & 1 & 0 & 0 \\ 0 & 1 & 1 & 1 & 0 & 1 & 0 \\ 0 & 0 & 1 & 1 & 1 & 0 & 1 \\ 1 & 0 & 0 & 1 & 1 & 1 & 0 \\ 0 & 1 & 0 & 0 & 1 & 1 & 1 \\ 1 & 0 & 1 & 0 & 0 & 1 & 1 \\ 1 & 1 & 0 & 1 & 0 & 0 & 1 \end{bmatrix}
$$

$$
= \begin{bmatrix} 1 & 1 & 1 \\ 1 & 1 & 0 \\ 0 & 1 & 1 \\ 0 & 0 & 1 \\ 1 & 0 & 1 \\ 0 & 1 & 0 \\ 1 & 0 & 0 \end{bmatrix} \begin{bmatrix} 1 & 1 & 0 & 1 & 0 & 0 & 1 \\ 1 & 0 & 1 & 0 & 0 & 1 & 1 \\ 1 & 0 & 0 & 1 & 1 & 1 & 0 \end{bmatrix}
$$

$$
= \boldsymbol{E}_2\boldsymbol{E}_1 \tag{4-16}
$$

观察 $\boldsymbol{E}_1$、$\boldsymbol{E}_2$，对它们每列或每行的二进制转化成十进制数后，就可形成下标索引形式

$$\boldsymbol{E}_1 = (7,1,2,5,4,6,3)_{\text{index}}$$

$$\boldsymbol{E}_2 = (7,3,6,4,5,2,1)_{\text{index}} \tag{4-17}$$

所以，除第一个下标“7”后，$\boldsymbol{E}_1$ 和 $\boldsymbol{E}_2$ 的下标索引具有互为次序反向的关系。将矩阵 Q 和 $\boldsymbol{E}_1$、$\boldsymbol{E}_2$ 代入式（4-15）得

$$\boldsymbol{P}_1 = \begin{bmatrix} 0&0&0&0&0&0&0 \\ 0&1&0&0&0&0&0 \\ 0&0&1&0&0&0&0 \\ 0&0&0&0&0&0&1 \\ 0&0&0&0&1&0&0 \\ 0&0&0&1&0&0&0 \\ 0&0&0&0&0&1&0 \\ 1&0&0&0&0&0&0 \end{bmatrix}$$

$$\boldsymbol{P}_2 = \begin{bmatrix} 0&0&0&0&0&0&0&1 \\ 0&0&0&1&0&0&0&0 \\ 0&0&0&0&0&0&1&0 \\ 0&0&0&0&1&0&0&0 \\ 0&0&0&0&0&1&0&0 \\ 0&0&1&0&0&0&0&0 \\ 0&1&0&0&0&0&0&0 \end{bmatrix} \tag{4-18}$$

由于 $\boldsymbol{P}_1$、$\boldsymbol{P}_2$ 都是稀疏矩阵，这有利于减少计算量。另外，还可以发现除去第一行（或列，如图中的虚线所示）后，每列（或行）的 $\boldsymbol{P}_1$（或 $\boldsymbol{P}_2$）中元素“1”出现的位置恰好与因子矩阵 $\boldsymbol{E}_1$（或 $\boldsymbol{E}_2$）的下标索引形式标识的位置相同。因而，只用 $\boldsymbol{E}_1$ 的一个下标索引，就可完成 $\boldsymbol{E}_1$、$\boldsymbol{E}_2$、$\boldsymbol{P}_1$、$\boldsymbol{P}_2$ 4 个矩阵的构造，这就是排列矩阵 $\boldsymbol{P}_1$、$\boldsymbol{P}_2$ 的构造原理。该原理对任意级的特征 m 序列均适用。

根据 FMT 变换计算出被测系统的脉冲响应后，可以对其进

行后期信号处理，比如，可以运用脉冲响应反向积分法计算能量衰减曲线，或者运用 FFT 变换得到其频率响应曲线等，如图 4-4 所示。

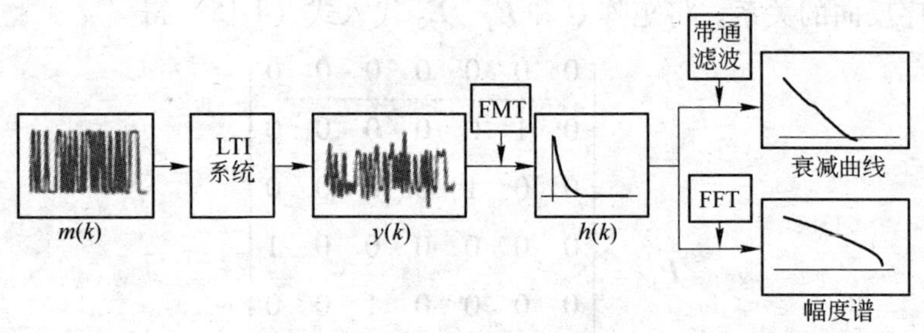

图 4-4　m 序列法信号处理流程

4.3　*m* 序列法测量脉冲响应的抗噪声能力

m 序列法测量技术与其他测量方法相比具有较高的抗噪声干扰能力，本节通过仿真验证其抗噪声性能。在 Matlab 平台下，实验步骤如下。

4.3.1　系统的构造

任意构造一无限冲击响应 *IIR* 系统，该系统的传递函数为

$$H(z)=\frac{0.2+0.1z^{-1}}{1-0.4z^{-1}-0.5z^{-2}}$$

4.3.2　理想方法

用单位冲击响应（理想化周围环境中不存在噪声干扰）去激励该系统，得到的脉冲响应为真实的脉冲响应；

4.3.3　传统方法

传统方法（用功率大的冲击抵御噪声）。图 4-5*a*、图 4-5*b* 分

别是无噪声时，单位冲击响应输入波形和相应的输出波形，即系统的真实脉冲响应。当给冲击加噪后（功率为 -20dB 的噪声），从图 4-5*c* 实验曲线可以看出，加入较微量的噪声，冲击响应受到了干扰，测出的系统特性曲线，如图 4-5*d* 所示，已经与真实值大相径庭，为了较真实测量系统特性，必须增大冲击的功率。

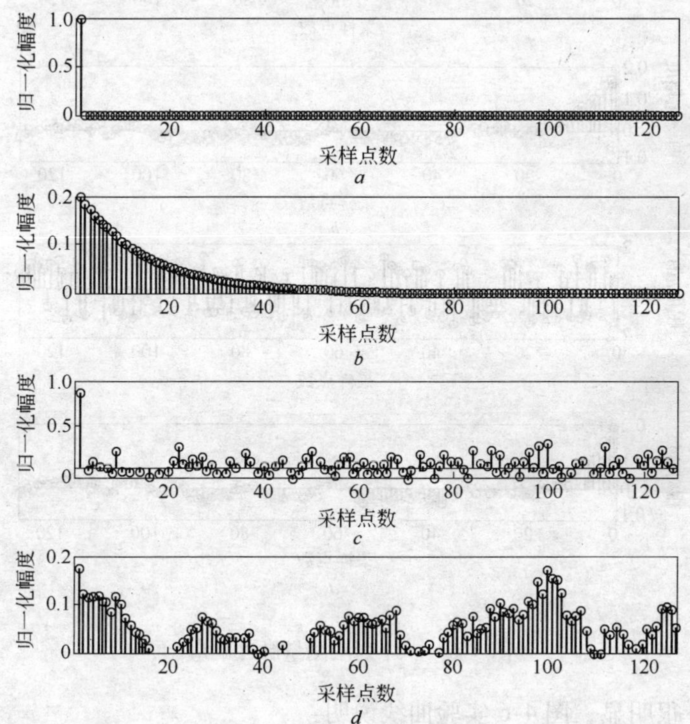

图 4-5 传统方法测量脉冲响应

4.3.4 不加噪和加噪时 m 序列法测量脉冲响应

实验中，用的是 6 级（较低）特征 m 序列，所加的噪声功率是传统方法的两倍。图 4-6*a*，图 4-6*b* 分别是无噪声时的 m 序列信号以及相应的 m 序列法测量到的系统的脉冲响应；图 4-6*c*，

图 4-6d 分别是加噪声后输入信号以及有噪声干扰时 m 序列法测量到的系统的脉冲响应。

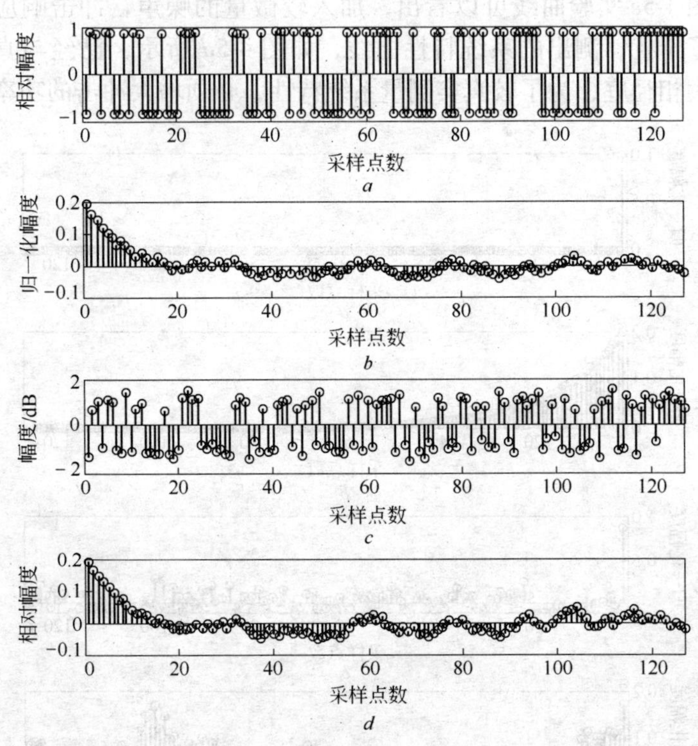

图 4-6 m 序列法测量脉冲响应

很明显，图 4-6 实验曲线说明：

(1) m 序列法在干扰噪声强一倍的情况下，仍能很接近地测出系统响应；

(2) m 序列在加噪和不加噪情况下测量结果几乎一样，因而具有非常优秀的抗噪声性能。

4.3.5 有色噪声干扰下的测量对比

实际测量中，常常存在有色噪声的干扰。图 4-7a，图 4-7b

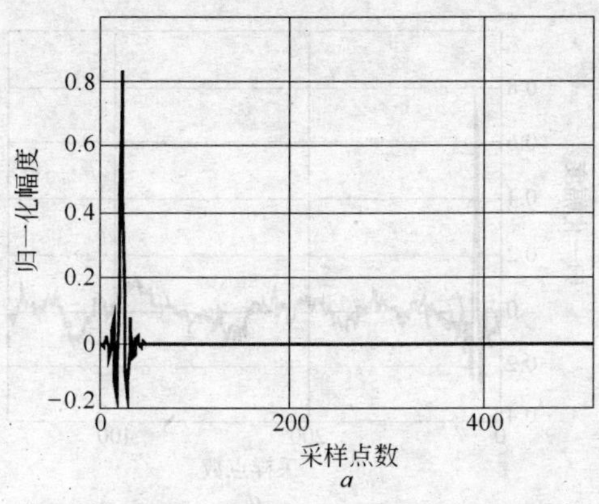

a

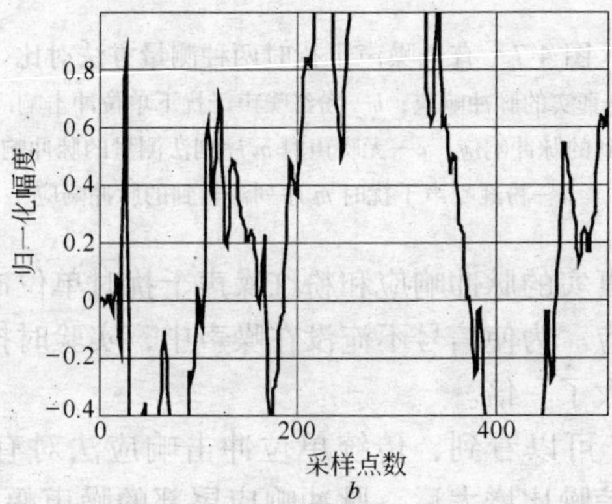

b

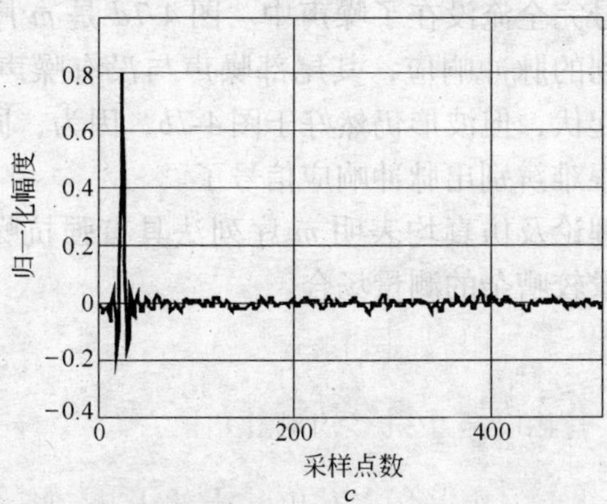

c

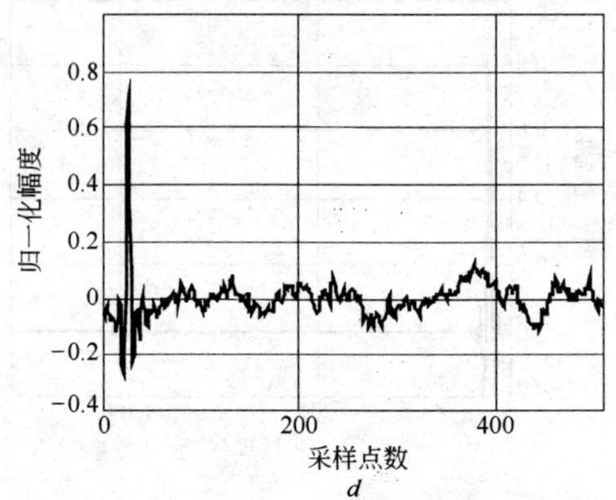

d

图 4-7　有色噪声干扰时两种测量方法对比

a—真实的脉冲响应；*b*—粉红噪声干扰下单位冲击响应法得到的脉冲响应；*c*—无噪声时 *m* 序列法测量的脉冲响应；*d*—粉红噪声干扰时 *m* 序列法得到的脉冲响应

分别是系统真实的脉冲响应和粉红噪声干扰时单位冲击响应法得到的脉冲响应。为使信号不淹没在噪声中，实验时把输入冲击序列的功率增大了一倍。

从图 4-7 可以看到，传统单位冲击响应法对有色噪声很敏感，即使在信噪比增大后，脉冲响应尾部的噪声幅度仍然较大，脉冲响应信号完全淹没在了噪声中。图 4-7*d* 是 *m* 序列在迭加粉红噪声后得到的脉冲响应，其尾部噪声与没有噪声时图 4-7*c* 相比有了明显起伏，但波形仍然好于图 4-7*b*，因为，同样情况下图 4-7*b* 中已经很难辨别出脉冲响应信号了。

总之，理论及仿真均表明 *m* 序列法具有强抗噪声性能，特别适合于背景较嘈杂的测量场合。

5 m 序列法测量脉冲响应的非线性失真分析

5.1 引言

m 序列法测量脉冲响应技术是一种抗噪性能很高的测量脉冲响应的方法。基于 m 序列优良的相关特性，只需要对输入 m 序列信号与相应的输出求相关就可以测量出被测系统的脉冲响应。显然，m 序列法是一种线性处理方法，在被测系统是线性非时变时是非常有效的。但是在实际应用中，几乎所有的问题及过程都呈现出不同程度的非线性，比如，扬声器的前置放大器、AD/DA 转换器等都会产生非线性，而线性化只是将问题看作是线性情况下的理想化近似，这样在解决实际问题时并不是非常有效，会产生失真现象。

低通滤波器的时域响应如图 5-1a 所示，当测量过程中有微

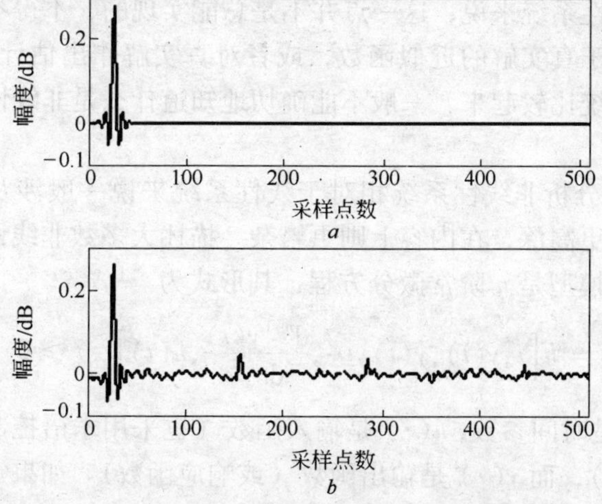

图 5-1　非线性干扰前后的脉冲响应测量曲线对比

弱二次非线性干扰时，运用 m 序列法得到的脉冲响应如图 5-1b 所示。可以观察到，图 5-1b 所示为线性脉冲响应出现在测量的初期，而非线性分布在整个测量周期内，表现为一些尖脉冲，与图 5-1a 所示的真实脉冲响应相比有明显的误差。

如果运用失真了的脉冲响应去拟合滤波器的传输函数，或者运用脉冲响应反向积分法去计算房间的混响时间等参数，都会产生一定的误差。当要求测量的参数精度较高时，所产生的失真是不可容忍的。

本章将详细分析被测系统有微弱非线性干扰时，运用 m 序列测量脉冲响应的非线性失真，以及影响 m 序列法抗非线性失真性能的一些主要因素。

5.2 非线性系统模型

5.2.1 基本概念

现实中遇到的大多数系统都是非线性系统。非线性物理系统与线性系统从数学的角度来分析，有两个重要的不同方面：

(1) 对于线性系统的解，通常能够求得封闭形式的表达式，而对非线性系统来说，这一点并不是总能实现的，不得不满足于找出收敛于真实解的近似函数，或者对真实解作出估计。因此，同线性系统比较起来，一般不能确切地知道什么是非线性系统的精确解。

(2) 分析非线性系统相对于线性系统来说一般涉及的数学在概念上更高深，在内容上则更繁杂。描述大多数非线性物理系统的数学模型是 n 阶常微分方程，其形式为

$$\frac{\mathrm{d}^n y(t)}{\mathrm{d}t^n} = h\left[t, y(t), \dot{y}(t), \cdots, \frac{\mathrm{d}^{n-1} y(t)}{\mathrm{d}t^{n-1}}, u(t)\right] \quad t \geqslant 0 \tag{5-1}$$

式中，t 是时间参数，$u(\cdot)$ 是输入函数（也采用术语控制函数和驱动函数），而 $y(\cdot)$ 是输出函数（或响应函数）。如果定义辅助函数

$$x_1(t) = y(t) \tag{5-2}$$

$$x_2(t) = \dot{y}(t), \cdots \tag{5-3}$$

$$x_n(t) = \frac{d^{n-1}y(t)}{dt^{n-1}} \tag{5-4}$$

于是一个 n 阶方程，就能等价地表示为一个含有 n 个一阶方程的方程组

$$\dot{x}_1(t) = x_2(t) \tag{5-5}$$

$$\dot{x}_2(t) = x_3(t), \cdots \tag{5-6}$$

$$\dot{x}_{n-1}(t) = x_n(t) \tag{5-7}$$

$$\dot{x}_n(t) = h[t, x_1(t), x_2(t), \cdots, x_n(t), u(t)] \tag{5-8}$$

最后，如果定义 n 维向量函数 $x(\cdot): R_t \to R^n$ 和 $f: R_t \times R^n \times R \to R^n$ 为

$$x(t) = [x_1(t), x_2(t), \cdots, x_n(t)]' \tag{5-9}$$

$$f(t, x, u) = [x_2, x_3, \cdots x_n, h(t, x_1, \cdots x_n, u)]' \tag{5-10}$$

则 n 个一阶方程式(5-5)～式(5-8)就可合并为一个一阶向量微分方程，即

$$\dot{x}(t) = f[t, x(t), u(t)] \quad t \geqslant 0 \tag{5-11}$$

可以看到用数学函数来描述真实系统是相当复杂的，其确切形式往往无法得到，因此，实际模型一般都是基于一个选定的函数已知的模型集，这个模型集必须具有以任意精度逼近系统的能力。

由于现实中的系统往往存在一定程度的非线性，但是并不都是完全非线性化的，往往可以看作是线性问题和完全非线性问题的联合体。基于这个思路，设法寻找使复杂问题简单化的方法，将系统看作是线性系统和非线性系统的结合体，并从伪线性子空间和伪非线性子空间分别剖析输入输出数据。

5.2.2 无记忆非线性系统模型

本书只讨论无记忆非线性系统的情况。无记忆非线性系统是一种只对当前输入进行某种非线性变换的系统。它对过去输入并没有加权作用，而正是这些过去输入具有“记忆作用”，就像常系数线性系统分析中的卷积积分那样，其输出的当前值不但是当前输入，而且是过去输入的函数。下面要讨论的非线性系统仅限于系统的输出 $y(k)$ 在任何时刻为同一时刻输入 $x(k)$ 的单值非线性函数，也就是说系统的脉冲响应不随时间和频率发生变化。

系统模型是指把关于实际过程的部分信息简缩成有用的描述形式。它是用来描述过程的运动规律，是过程的一种客观写照或缩影，是分析过程和预报、控制过程行为特性的有力工具。

建立描述非线性系统的模型是研究非线性问题的基础，模型研究是非线性科学的一个基本问题。由于非线性问题的复杂性和多样性，至今没有一种能够描述任意非线性系统的通用模型。最初人们只是针对一些特殊类型的非线性系统建立了它们的模型，例如，相当多的系统用所谓的 Hammerstein 模型和 Wiener 模型描述。

5.2.2.1 Hammerstein 模型

Hammerstein 模型描述的非线性系统是由一个无记忆的非线性子系统和一个动态线性环节以串联形式构成的，如图 5-2 所示。假设 $r(t)$，$y(t)$ 和 $n(t)$ 分别是测试输入，系统输出和噪声；$u(t)$ 是中间输入信号，既是线性动态的输入又是非线性部分的输出，实际过程中是不可测量的。

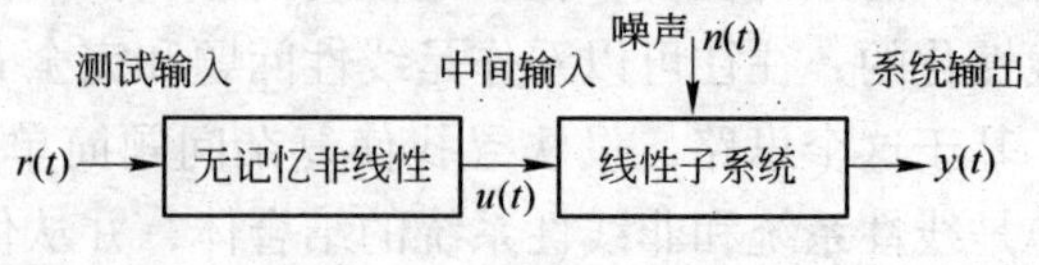

图 5-2 Hammerstein 模型

假设非线性部分的输入、输出可描述为如下的多项式的形式

$$u(t) = a_1 r(t) + a_2 r^2(t) + \cdots + a_n r^n(t) \tag{5-12}$$

设线性子系统的输入、输出关系可描述为

$$y(t) = u(t) * h(t) \tag{5-13}$$

式中，"$*$"表示线性卷积运算，$h(t)$ 是线性子系统的脉冲响应。总的输入 $r(t)$ 与输出 $y(t)$ 之间的关系为

$$\begin{aligned} y(t) &= \sum_{i=0}^{L-1} u(i) h(t-i) \\ &= a_1 \sum_{i=0}^{L-1} r(i) h(t-i) + a_2 \sum_{i=0}^{L-1} r^2(i) h(t-i) + \cdots + \\ &\quad a_n \sum_{i=0}^{L-1} r^n(i) h(t-i) \end{aligned} \tag{5-14}$$

式中，n 是非线性阶次，L 是样本数。当系统输出端存在白噪声干扰 $n(t)$ 时，被测输出 $z(t)$ 为

$$z(t) = y(t) + n(t) \tag{5-15}$$

5.2.2.2 Wiener 模型

有相当广泛的非线性系统都能够用一个线性子系统和一个无记忆的非线性增益级联而成的 Wiener 模型来表示，如图 5-3 所示，其中中间输出 $u(t)$ 不可测。

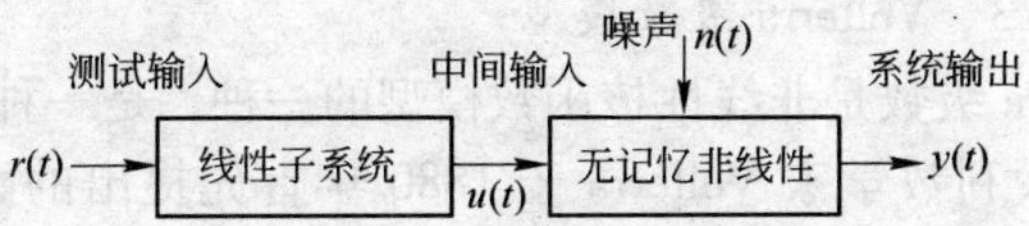

图 5-3 Wiener 系统模型

输出 $y(t)$ 与 $u(t)$ 关系为

$$y(t) = u(t) \cdot f[u(t)] \tag{5-16}$$

线性子系统的输入、输出关系为

$$u(t) = \sum_{\tau=0}^{n} h(\tau) r(t-\tau) \tag{5-17}$$

式中，$h(t)$ 是线性子系统的脉冲响应。对 n 阶非线性增益环节，有

$$f[u(t)] = 1 + a_1 u(t) + a_2 u^2(t) + \cdots + a_n u^n(t) \tag{5-18}$$

把式（5-18）和式（5-17）代入式（5-16）后，得出输入 $r(t)$ 与输出 $y(t)$ 的关系

$$\begin{aligned} y(t) &= u(t) \cdot f[u(t)] \\ &= u(t) + a_1 u^2(t) + \cdots + a_{n-1} u^{n+1}(t) \\ &= \sum_{\tau_1=0}^{L-1} h(\tau_1) r(t-\tau_1) + \\ & \quad a_1 \sum_{\tau_1=0}^{L-1} \sum_{\tau_2=0}^{L-1} h(\tau_1) h(\tau_2) r(t-\tau_1) r(t-\tau_2) + \cdots + \\ & \quad a_{n-1} \sum_{\tau_1=0}^{L-1} \cdots \sum_{\tau_{n1}=0}^{L-1} h(\tau_1) \cdots h(\tau_n) r(t-\tau_1) \cdots r(t-\tau_n) \end{aligned} \tag{5-19}$$

当系统输出端存在白噪声干扰 $n(t)$ 时，系统被测输出 $y(t)$ 为

$$z(t) = y(t) + n(t) \tag{5-20}$$

随着对非线性建模问题研究的深入，出现了更普适性的模型，Volterra 级数模型是其中之一。

5.2.2.3 Volterra 级数模型

Volterra 级数是非线性核函数模型的一种，是一种泛函级数，它是由意大利数学家 Volterra 于 1880 年首先提出的。他当时是作为 Taylor 级数的推广而提出来的。1912 年，Volterra 将这种泛函级数用于研究某些积分方程和积分-微分方程的解。后来在 20 世纪 40 年代控制论的奠基人 Wiener 首先将 Volterra 级数用于非线性系统分析。

对于离散时间系统，其输入输出关系可表示为如下形式的 Volterra 泛函级数

$$y(k) = \sum_{i=1}^{\infty} y_i(k) \tag{5-21}$$

其中

$$y_i(k) = \sum_{i_1=0}^{\infty} \cdots \sum_{i_k=0}^{\infty} h_N(i_1, \cdots, i_N) x(k-i_1) \cdots x(k-i_N) \tag{5-22}$$

式中, $x(k)$ 是输入信号; $y_i(k)$ 是非线性系统的第 N 阶输出，它们都是实数序列; $h_N(i_1, \cdots, i_N)$ 是 N 阶 Volterra 时域核，它是非线性系统的 N 阶离散脉冲响应函数。大多数真实系统都可用有限记忆长度和有限阶次的 Volterra 泛函级数近似描述。在不考虑直流增益的情况下，N 阶脉冲响应函数是对称的，于是可得 N 阶截断 Volterra 泛函级数的形式为

$$\begin{aligned} y(k) = & \sum_{i=0}^{L-1} h_1(i) x(k-i) + \sum_{i=0}^{L-1} \sum_{j=0}^{L-1} h_2(i,j) x(k-i) x(k-j) + \\ & \sum_{i=0}^{L-1} \sum_{j=0}^{L-1} \sum_{m=0}^{L-1} h_3(i,j,m) x(k-i) x(k-j) x(k-m) + \\ & \sum_{i=0}^{L-1} \sum_{j=0}^{L-1} \sum_{m=0}^{L-1} \sum_{p=0}^{L-1} h_4(i,j,m,p) x(k-i) x(k-j) \times \\ & x(k-m) x(k-p) + \cdots \mathrm{e}(k) \end{aligned} \tag{5-23}$$

式中, $\mathrm{e}(k)$ 为截尾误差，当 N 和截取项数 L 选择合适时, $\mathrm{e}(k)$ 可以忽略不计。

由式（5-23）可知，若对于任意 $N>1$，均有 $h_N(i_1, \cdots, i_N) = 0$, 则式（3-23）就成了线性系统的脉冲响应函数模型，因此 Volterra 级数模型是线性系统脉冲响应函数模型对非线性系统的直接扩展。连续的时不变非线性系统，只要系统的输入输出响应是解析函数，就可以由 Volterra 泛函级数对其做完全的描述。

当非线性系统的 $h_N(i_1, \cdots, i_N)$ 不随时间和频率发生变化时，是无记忆系统时，式（5-23）可以写为

$$y(k)=h_1(k)*x(k)+h_2(k)*x^2(k)+\cdots+$$
$$h_r(k)*x^r(k)+\cdots+h_N(k)*x^N(k) \quad (5\text{-}24)$$

式中，$h_r(k)=h_r(i_1,\cdots,i_r)$，“ * ” 表示卷积运算。根据式(5-24)，得到如图 5-4 所示 Volterra 级数的模型。

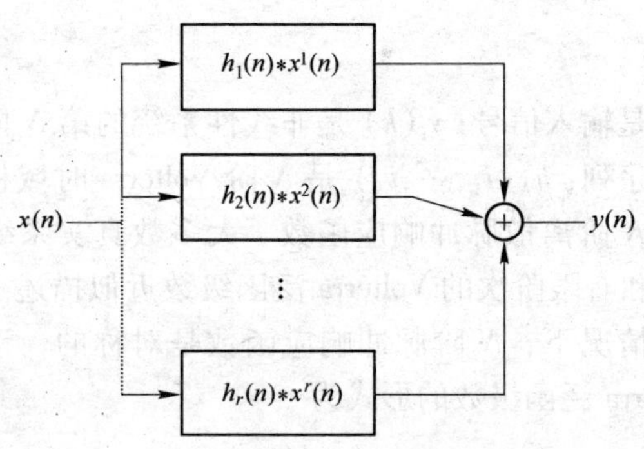

图 5-4　Volterra 级数模型

比较式（5-19）和式（5-23），在无记忆的微弱非线性时，可以认为 Wiener 模型是 Volterra 级数模型的一个特例。

5.3　Hammerstein 模型中 *m* 序列法对非线性的抑制能力

当测量过程中有强非线性干扰时，可将待测系统等效为一个 Hammerstein 系统。以 Hammerstein 模型为被测系统的模型结构，将幅度为 1 的 *m* 序列输入到图 5-2 所示的 Hammerstein 模型中，$h(t)$ 是线性子系统的脉冲响应。根据式（5-12）可得非线性子系统的输出为

$$u(t)=a_1r(t)+a_2r^2(t)+a_3r^3(t)+\cdots \quad (5\text{-}25)$$

因为，*m* 序列的电平等于 ±1，所以 $[r(t)]^{2n}=1$，$[r(t)]^{2n+1}=[\pm1]^{2n+1}$（$n$ 为自然数），所以有

$$u(t)=(a_1+a_3+\cdots+a_{2n-1})r(t)+(a_2+a_4+\cdots+a_{2n}) \quad (5\text{-}26)$$

则系统的输出 $y(t)$ 为

$$\begin{aligned} y(t) &= u(t) * h(t) \\ &= (a_1 + a_3 + \cdots + a_{2n-1}) \sum_{i=0}^{L-1} r(i)h(t-i) + \\ &\quad (a_2 + a_4 + \cdots + a_{2n}) \sum_{i=0}^{L-1} h(i) \end{aligned} \tag{5-27}$$

令线性系统的静态增益为 1，即

$$\sum_{i=0}^{L-1} h(i) = 1 \tag{5-28}$$

则系统输出为

$$\begin{aligned} y(t) = &(a_1 + a_3 + \cdots + a_{2n-1}) \sum_{i=0}^{L-1} r(i)h(t-i) + \\ &(a_2 + a_4 + \cdots + a_{2n}) \end{aligned} \tag{5-29}$$

设非线性系数 a_1，a_2，…，a_{2n} 不随时间发生变化，偶数次非线性系数和为 A_{2i}，奇数次和为 A_{2i-1}，则

$$y(t) = A_{2i-1} \sum_{i=0}^{L-1} r(i)h(t-i) + A_{2i} \tag{5-30}$$

则根据 *m* 序列法原理，计算输入与输出序列的互相关即为脉冲响应的测量值，即

$$\begin{aligned} h_d(t) &= r(t) \otimes y(t) \\ &= r(t) \otimes \left[A_{2i-1} \sum_{i=0}^{L-1} r(i)h(t-i) + A_{2i} \right] \\ &= r(t) \otimes \left[A_{2i-1} \sum_{i=0}^{L-1} r(i)h(t-i) \right] + r(t) \otimes A_{2i} \end{aligned} \tag{5-31}$$

式中，“ ⊗ ”表示循环相关运算。式（5-31）中

$$y_0(t) = \sum_{i=0}^{L-1} r(i)h(t-i) \tag{5-32}$$

是系统无非线性时的输出，式（5-31）中第二项当输入信号确定后是一个常数项。

若系统中仅有偶数次非线性，则此时 $A_{2i-1}=0$，所以有

$$h_d(t) = r(t) \otimes A_{2i} \tag{5-33}$$

式（5-33）说明，当只有偶数次非线性干扰时，运用 m 序列法测量的脉冲响应是输入信号与偶数次非线性项系数的和的相关。

若系统中仅有奇数次非线性，则此时 $A_{2i}=0$，所以有

$$\begin{aligned} h_d(t) &= r(t) \otimes [A_{2i-1} \cdot y_0(t)] \\ &= A_{2i-1} \cdot r(t) \otimes y_0(t) \end{aligned} \tag{5-34}$$

也就是说，系统只有奇数次非线性干扰时的测量脉冲响应是无非线性时的测量脉冲响应的 A_{2i-1} 倍。当 $A_{2i-1}=a_1$ 时，$h_d(t)$ 即为线性系统的脉冲响应。

例如，对于二次非线性干扰的情况

$$u(t) = a_1[r(t)] + a_2[r(t)]^2$$

则

$$\begin{aligned} y(t) &= u(t) * h(t) \\ &= \sum_{i=0}^{L-1} u(i)h(t-i) \\ &= \sum_{i=0}^{L-1} a_1 r(i)h(t-i) + \sum_{i=0}^{L-1} a_2[r(i)]^2 h(t-i) \\ &= \sum_{i=0}^{L-1} a_1 r(i)h(t-i) + a_2 \sum_{i=0}^{L-1} h(t-i) \\ &= \sum_{i=0}^{L-1} a_1 r(i)h(t-i) + a_2 \\ &= a_1 y_0(t) + a_2 \end{aligned}$$

式中，$y_0(t)$ 是系统无非线性时的输出，所以根据式（5-33）可以得到被测系统的脉冲响应为

$$\begin{aligned} h_d(t) &= r(t) \otimes y(t) \\ &= r(t) \otimes (a_1 y_0(t)) + r(t) \otimes a_2 \end{aligned} \tag{5-35}$$

例如，设图 5-2 中 Hammerstein 模型中，线性子系统由一个 50 个抽头的低通滤波器构成，脉冲响应如图 5-5a 所示。非线性子系统是一个二次非线性系数为 0.3 的非线性环节。将 7 级幅度

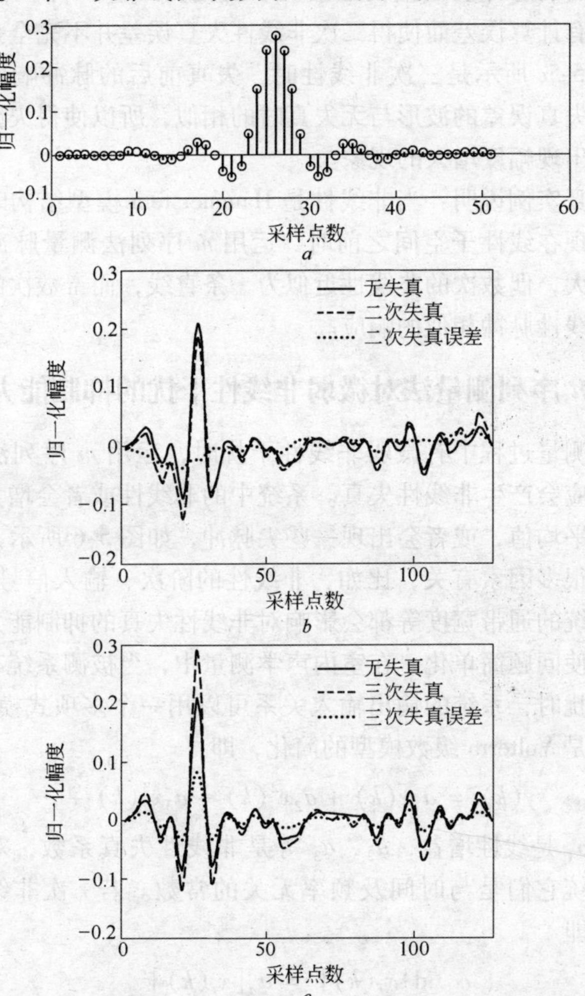

图 5-5 Hammerstein 模型时 m 序列法测量的脉冲响应

a—真实滤波器的脉冲响应；b—二次非线性干扰时的脉冲响应；

c—三次非线性干扰时的脉冲响应

为1的 m 序列输入到该模型中。如图5-5b所示为系统有二次非线性干扰时，运用 m 序列法求得的脉冲响应。从图中可以看到，失真前后的脉冲响应幅度上出现了变化，由于 m 序列法本身的算法会有计算误差而使得二次非线性失真误差并不完全是一条直线。图5-5c所示是三次非线性时，失真前后的脉冲响应。三次非线性失真误差的波形与无失真时的相似，所以使得失真后的脉冲响应出现幅度增大的现象。

仿真实例说明：当非线性是Hammerstein模型结构时，即非线性出现在线性子空间之前时，运用 m 序列法测量脉冲响应的失真较大，偶数次的非线性近似为一条直线，而奇数次的非线性产生与线性脉冲相似的响应。

5.4 m序列测量法对微弱非线性干扰的抑制能力

当测量过程中有微弱非线性干扰时，运用 m 序列法测量其脉冲响应会产生非线性失真。系统中的非线性或者会增大测量值的噪声平均值，或者会出现一些尖脉冲，如图5-6所示。失真的程度与很多因素有关，比如，非线性的阶次、输入信号的幅度、被测系统的通带宽度等都会影响对非线性失真的抑制能力。

为使问题简单化，在室内声学测量中，当被测系统有微弱非线性干扰时，系统的输出输入关系可以用一个多项式模型表示，该模型是Volterra级数模型的简化，即

$$y(k) = a_1x(k) + a_2x^2(k) + a_3x^3(k) + \cdots \tag{5-36}$$

式中，a_1 是线性增益，a_2、a_3 等是非线性失真系数，对一个无记忆系统它们是与时间及频率无关的常数。若 r 次非线性写作 $\mathrm{d}\{.\}$，即

$$\mathrm{d}\{x_f(k)\} = a_d[x_f(k)]^r \tag{5-37}$$

则非线性系统模型结构如图5-7所示。

图5-7中 $h(k)$ 是线性子系统的脉冲响应，$x_f(k)$ 是输入信号 $x(k)$ 经过线性子系统 $h(k)$ 后的输出，$h_d(k)$ 为有非线性后的脉

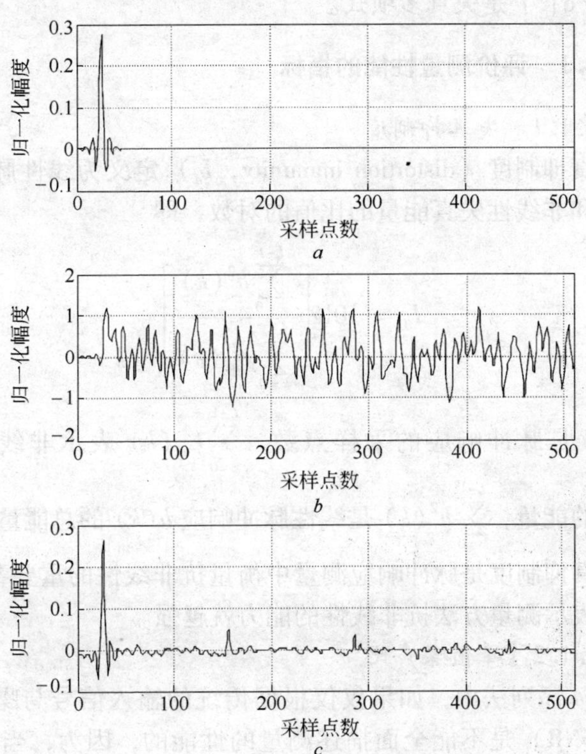

图 5-6 微弱非线性对 *m* 序列测量法的影响

a—真实的脉冲响应；*b*—有微弱非线性的输出端波形；

c—运用 *m* 序列法测量有微弱非线性系统得到的脉冲响应

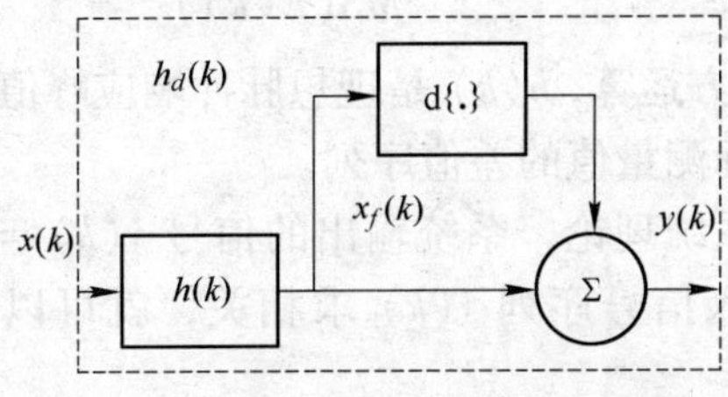

图 5-7 微弱非线性系统模型

冲响应，d{.} 是失真多项式。

5.4.1 评价测量性能的指标

5.4.1.1 失真抑制度

失真抑制度（distortion immunity，I_d）定义为线性脉冲响应的能量和非线性失真能量的比值的对数，即

$$I_d = 10\lg\left[\frac{\sum_{k=0}^{L-1} h^2(k)}{\sum_{k=0}^{L-1} e_{n1}^2(k)}\right] \tag{5-38}$$

式中，L 是脉冲响应的采样点数，$\sum_{k=0}^{L-1} e_{n1}^2(k)$ 表示非线性误差 $e_{n1}(k)$ 的能量，$\sum_{k=0}^{L-1} h^2(k)$ 是线性脉冲响应 $h(k)$ 的总能量。

失真抑制度是脉冲响应测量中衡量抗非线性的重要参数，I_d 越大，表示测量方法抗非线性的能力就越强。

5.4.1.2 峰值噪声比

在 m 序列法中，如果仅仅根据传统的输入信号与噪声的信噪比（SNR）是不能全面描述测量的性能的，因为，当 SNR 为负数时，经过相关运算仍然可以得到被测系统的脉冲响应。为了评价测量效果，定义脉冲响应的峰值噪声比（peak-to-noise ratio，简记 PNR）

$$\text{PNR} = \frac{MS(h(k))}{MS(E(k))} \tag{5-39}$$

式中，MS 指均方运算，$h(k)$ 是理想脉冲响应峰值，$E(k)$ 指理想脉冲响应和实际测量值的差值序列。

根据线性系统理论，系统输出的信号 $y(k) = h(k) * x(k)$，将该信号和输入信号序列 $x(k)$ 求相关，就可以求得脉冲响应 $h(k)$ 的估计值

$$\hat{h}(k) = h(k) + h(k) * (x(k) \otimes x(k) - \delta(k)) \tag{5-40}$$

其中⊗表示循环相关算子，δ 是单位冲激序列。则

$$\begin{aligned} E(k) &= \hat{h}(k) - h(k) \\ &= h(k) * (x(k) \otimes x(k) - \delta(k)) \end{aligned} \tag{5-41}$$

$$MS(E(k)) = \frac{1}{L}\sum_{i=0}^{L-1} E^2(i) \tag{5-42}$$

将式（5-42）及 $h(k)$ 的峰值均方代入式（5-39）即可求得 PNR。由 PNR 的定义式及计算可看出，PNR 越大表明测量越接近理想情况，如果输入信号的自相关是 δ 函数，则其 PNR 将趋于无穷大。也就是说脉冲响应的 PNR 给出了检验本测量方法质量的一种有效途径。

5.4.2　*m* 序列法对各幂次非线性失真的抑制能力

根据第 4 章中关于 m 序列法的测量原理，由于 m 序列的自相关函数近似为 δ 函数，输出信号和输入信号的反向相关就是被测系统的脉冲响应。测量时当有 r 幂次非线性干扰时，由式(5-36)可知图 5-7 所示系统模型的输出

$$y(k) = x_f(k) + \mathrm{d}\{x_f(k)\} = x_f(k) + a_d[x_f(k)]^r \tag{5-43}$$

则

$$\begin{aligned} h_d(k) &= P[y(k)] \\ &= x(k) \otimes y(k) \\ &= \frac{1}{L+1}\sum_{n=0}^{L-1} x(n)y(k+n) \\ &= \frac{1}{L+1}\sum_{n=0}^{L-1} x(n)[x_f(k+n) + \mathrm{d}\{x_f(k+n)\}] \\ &= \frac{1}{L+1}\sum_{n=0}^{L-1} x(n)x_f(k+n) + \frac{1}{L+1}\sum_{n=0}^{L-1} x(n)\mathrm{d}\{x_f(k+n)\} \end{aligned} \tag{5-44}$$

式 (5-44) 中 $x(k)$ 是输入的 m 序列, $y(k)$ 是失真后的输出信号, $P[y(k)]$ 表示输入信号 $x(k)$ 与输出 $y(k)$ 的互相关。式(5-44)中第一项是线性脉冲响应，第二项为失真误差，即

$$h_d(k) = h(k) + \mathrm{e}(k) \tag{5-45}$$

式中，脉冲响应误差 $\mathrm{e}(k)$ 是由输入 $x(k)$ 和失真激励序列 $\mathrm{d}\{x_f(k)\}$ 直接求相关得到的。则 m 序列测量的仿真过程可以表示为:

$$x_f(k) = x(k) * h(k) \tag{5-46}$$

$$\mathrm{e}(k) = x(k) \otimes \mathrm{d}\{x_f(k)\} \tag{5-47}$$

所以通过式 (5-44)、式 (5-46) 和式 (5-47)，在 Matlab 平台下可以仿真得到各次非线性对 m 序列法测量线性脉冲响应的影响。例如对于 $\mathrm{d}\{x_f(k)\}$ 为 -20dB 的二次幂非线性可以表示为

$$\mathrm{d}\{x_f(k)\} = 0.1[x_f(k)]^2$$

$$x_f(k) = x(k) * h(k) = \sum_{i=0}^{L-1} x(i) y(k-i) \tag{5-48}$$

则 $\mathrm{e}(k)$ 为

$$\begin{aligned}\mathrm{e}(k) &= x(k) \otimes \mathrm{d}\{x_f(k)\} \\ &= \frac{1}{L+1} \sum_{n=0}^{L-1} x(n)\mathrm{d}\{x_f(k+n)\} \\ &= \frac{0.1}{L+1} \sum_{n=0}^{L-1} x(n)[x_f(k+n)]^2\end{aligned} \tag{5-49}$$

单纯由非线性误差还不能很明确地给出测量技术对非线性的抑制能力，可以通过失真抑制度来考察 m 序列法对非线性的抑制能力。根据失真抑制度的定义，首先需要计算出非线性失真误差，它指的是失真后的脉冲响应 $h_d(k)$ 与系统真实响应的差值，即

$$\mathrm{e}(k) = h_d(k) - h(k) \tag{5-50}$$

对于 m 序列法的失真误差可以由式（5-47）直接计算得到。

一般地，由非线性引起的误差包含波形与真实脉冲响应相似的线性项 $e_1(k)$ 和非线性项 $e_{n1}(k)$，$e_1(k)$ 只会引起输出幅度的变化不会产生新的频率成分，而非线性项 $e_{n1}(k)$ 是导致失真的原因。非线性项 $e_{n1}(k)$ 可以通过总失真误差减去 $e_1(k)$ 的形式得到

$$e_{n1}(k) = e(k) - e_1(k) = e(k) - gh(k) \tag{5-51}$$

式中，g 是测量的误差增益，其中 g 满足

$$g = \frac{\sum_{k=0}^{L-1} e(k)h(k)}{\sum_{k=0}^{L-1} h^2(k)} \tag{5-52}$$

式中，$\sum_{k=0}^{L-1} e(k)h(k)$ 表示 $e(k)$ 和 $h(k)$ 的 L 点采样点具有的能量。由式（5-51）计算出 $e_{n1}(k)$ 后与 $h(k)$ 一同代入到式（5-38）中就可以计算其失真抑制度了。

在 Matlab 平台下，由 Fir 函数产生 50 个抽头的低通滤波器，脉冲响应为 $h(k)$。输入信号为 $n=9$ 级的幅度为 1 的 m 序列，分别迭加 -20dB 的 2 ~ 7 次幂非线性，然后根据式（5-46）、式（5-47）、式（5-51）以及失真抑制度的定义，计算得到系统迭加各幂次非线性时，m 序列法测量脉冲响应的失真抑制度见表 5-1。

表 5-1 不同幂次非线性时 m 序列法的失真抑制度

幂次 r	2	3	4	5	6	7
失真抑制度 I_d/dB	23.79	26.22	27.18	28.41	30.74	33.05

从表 5-1 可以观察到，I_d 的值随着非线性幂次 r 的增大逐渐增大，其中偶数幂次相对奇数幂次非线性对应的 I_d 的增大幅度小于奇数幂次相对偶数幂次的，例如，4 次幂非线性相对 3 次幂

非线性的 I_d 增加值 ΔI_d = 0.9629dB，而 3 次相对 2 次幂非线性的 I_d 增加值是 ΔI_d = 2.4320dB，后者明显大于前者。这是因为：对于 m 序列法，由于经过低通滤波后的 m 序列具有近似对称的幅度分布，所以偶数幂次的非线性具有较低的误差增益，$e_{n1}(k)$ 与 $e(k)$ 非常相似。相反，相似幂次的奇数幂次非线性会产生较大的线性误差 $e_1(k)$，使得 $e_{n1}(k)$ 明显变小。所以，对奇偶次幂的非线性来说，它们 I_d 的增大幅度是不同的。图 5-8 是系统分别有 2～7 次幂非线性时的非线性误差波形。

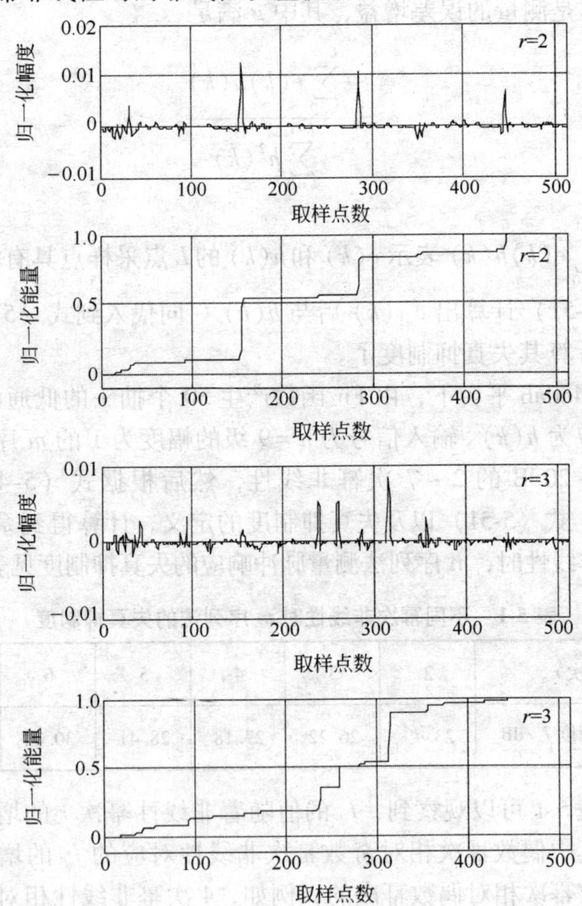

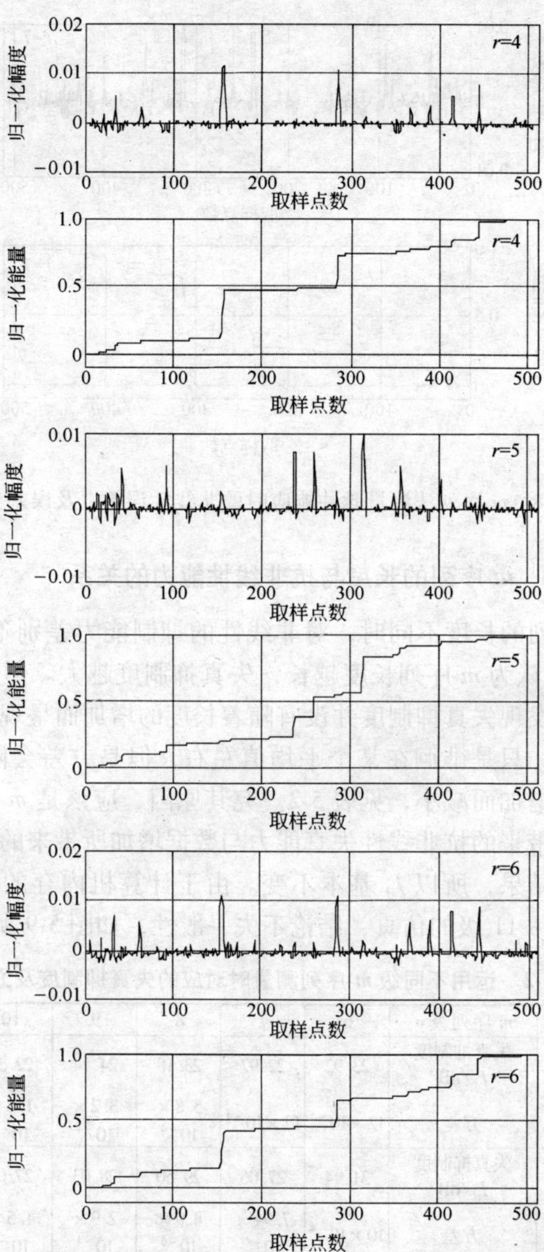

归一化幅度
0.02
0.01
0
−0.01
r=4
取样点数
0
100
200
300
400
500
归一化能量
1.0
0.5
0
r=4
取样点数
归一化幅度
0.01
0
−0.01
r=5
取样点数
归一化能量
1.0
0.5
0
r=5
取样点数
归一化幅度
0.02
0
−0.01
r=6
取样点数
归一化能量
1.0
0.5
0
r=6
取样点数

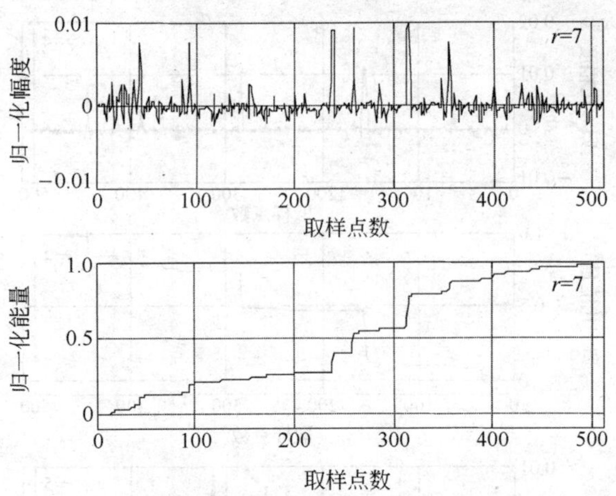

图 5-8　*m* 序列法测量脉冲响应时的非线性误差以及误差分布

5.4.3　*m* 序列的长度与抗非线性能力的关系

m 序列的长度不同时，对非线性的抑制能力差别不是很大。Hawksford 认为 *m* 序列长度越长，失真抑制度越大。但作者经过仿真实验发现失真抑制度并没有随着长度的增加而呈现出明显的增大趋势，只是徘徊在某个平均值左右，但是方差会随着 *m* 序列级数的增加而减小，见表 5-2。究其原因，应该是 *m* 序列级数的增大所带来的抗非线性失真能力与数据增加所带来的计算误差相抵消的结果，所以 I_d 基本不变。由于计算机内存的限制，只做了 $n=6\sim11$ 级的仿真，结论不失一般性，如图 5-9 所示。

表 5-2　运用不同级 *m* 序列测量时对应的失真抑制度及方差

非线性幂次	*m* 序列级 *n*	6	7	8	9	10	11
$r=2$	失真抑制度 I_d/dB	23.92	22.97	23.18	24.14	22.35	22.28
	方差	12×10^{-4}	12×10^{-4}	5.8×10^{-4}	3.2×10^{-4}	1.6×10^{-4}	0.81×10^{-4}
$r=3$	失真抑制度 I_d/dB	31.44	27.06	29.50	28.03	27.02	27.24
	方差	10×10^{-4}	7.94×10^{-4}	4.9×10^{-4}	2.9×10^{-4}	1.5×10^{-4}	0.77×10^{-4}

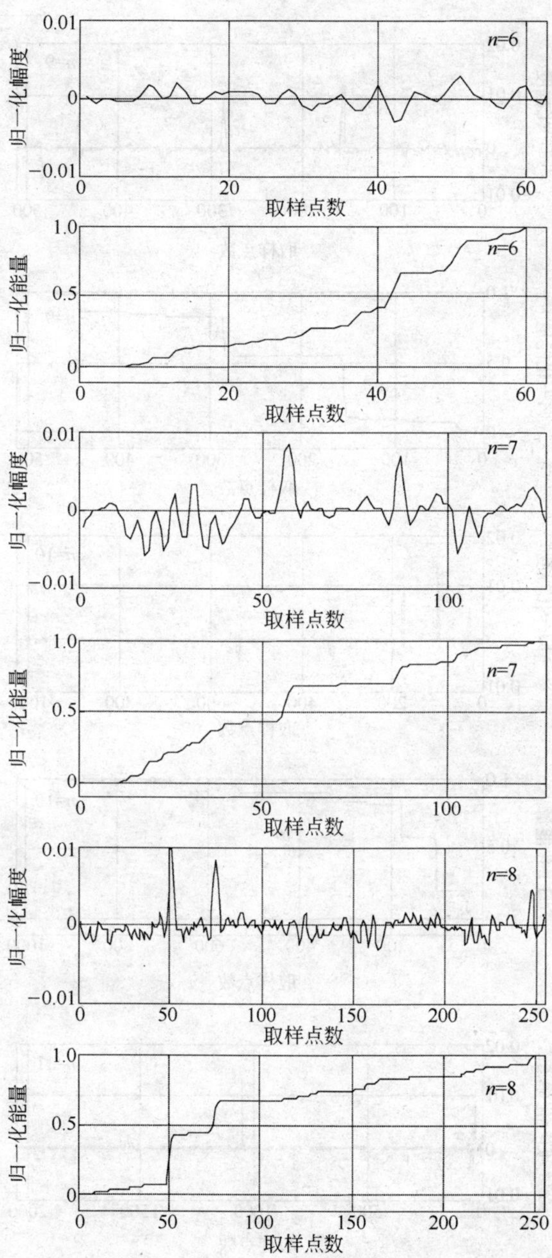

归一化幅度
0.01
0
−0.01
n=6
0
20
40
60
取样点数
归一化能量
1.0
0.5
0
n=6
0
20
40
60
取样点数
归一化幅度
0.01
0
−0.01
n=7
0
50
100
取样点数
归一化能量
1.0
0.5
0
n=7
0
50
100
取样点数
归一化幅度
0.01
0
−0.01
n=8
0
50
100
150
200
250
取样点数
归一化能量
1.0
0.5
0
n=8
0
50
100
150
200
250
取样点数

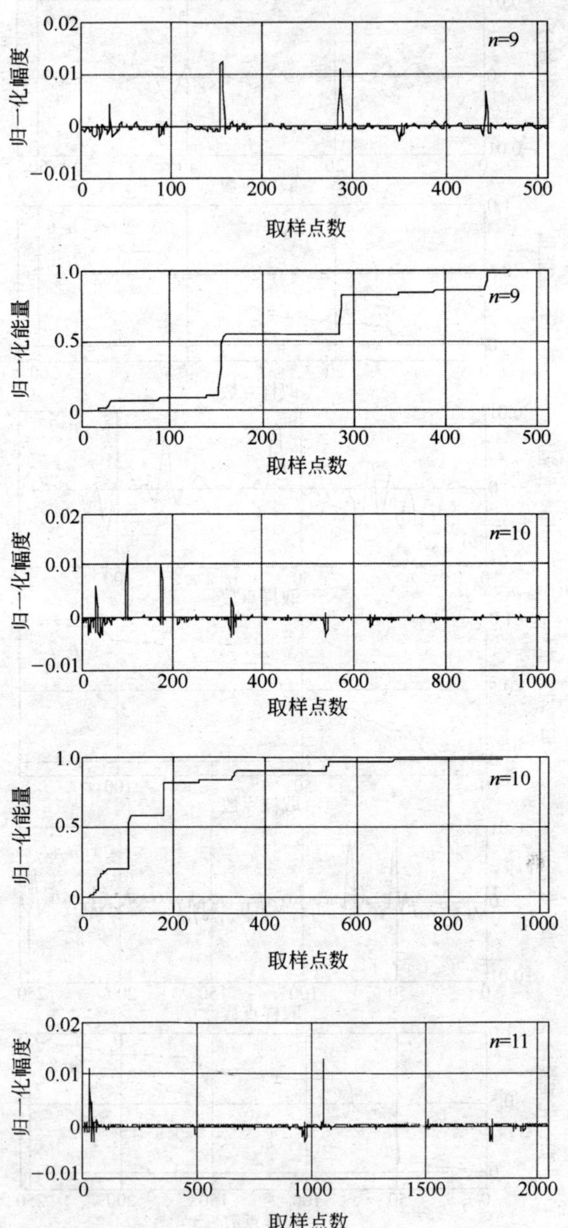

归一化幅度
0.02
0.01
0
−0.01
n=9
0
100
200
300
400
500
取样点数
归一化能量
1.0
0.5
0
n=9
0
100
200
300
400
500
取样点数
归一化幅度
0.02
0.01
0
−0.01
n=10
0
200
400
600
800
1000
取样点数
归一化能量
1.0
0.5
0
n=10
0
200
400
600
800
1000
取样点数
归一化幅度
0.02
0.01
0
−0.01
n=11
0
500
1000
1500
2000
取样点数

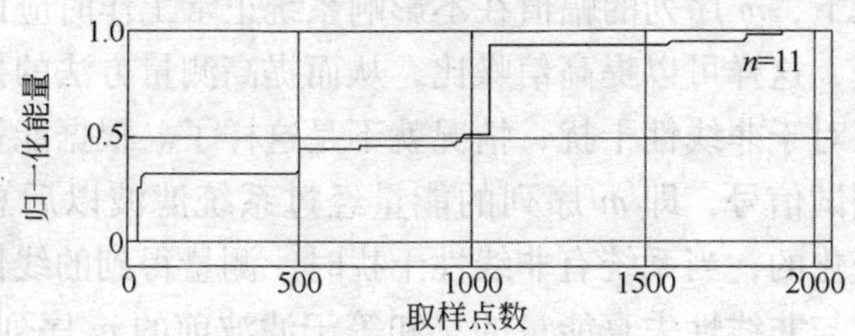

图 5-9 运用不同级数 m 序列测量时的二次非线性误差及其分布

5.4.4 非线性失真的误差分布

根据文献中非线性误差分布 $P(n)$ 的定义

$$P(n) = \frac{\sum_{k=0}^{n} \mathrm{e}_{n1}(k)^2}{\sum_{k=0}^{L-1} \mathrm{e}_{n1}(k)^2} \tag{5-53}$$

式中，$0 \leqslant n \leqslant L-1$。对于一个恒定误差的分布来说，$P(n)$ 是从0增加到 $L-1$ 的直线。当误差分布不是常数时，曲线的斜率会发生变化，斜率越大，误差增加的越快。

图 5-8 为 9 级 m 序列经过低通滤波后迭加各幂次非线性的非线性误差分布图。首先，从图中可以看到，各幂次非线性误差是阶梯状分布的，随着非线性幂次的增加，误差分布趋于平滑，而且奇数幂次非线性对应的分布要比相邻的偶数幂次的非线性分布斜率变化小一些，显得更平缓一些；其次，随着 m 序列长度的增加，误差分布也越来越均匀，误差跃变幅度减小，如图 5-9 所示；第三，从图 5-8 和图 5-9 都可以观察到，误差分布中阶梯的跃变处与非线性误差的尖脉冲的位置相对应，也就是说，非线性尖脉冲是形成阶梯的跃变的原因。

5.4.5 m序列的幅度对失真抑制度的影响

根据第 2 章中的结论，增大 m 序列的幅度即是增加了测试信号的功率，则 m 序列法对噪声的抑制能力会随之增大，所以通常情况下，m 序列的幅值在不影响系统正常工作时应该尽量选择大一些，这样可以提高信噪比，从而提高测量方法的抗噪声能力。然而对于非线性干扰，情况就不是这样了。根据能量守恒的原理，测试信号，即 m 序列的能量经过系统滤波以后总能量是不发生变化的；当系统有非线性干扰时，测量得到的线性脉冲响应的能量与非线性失真能量的总和等于滤波前的 m 序列的能量；当 m 序列幅度增大，即测试信号功率增加时，非线性失真的能量也会随着增大，所以非线性抑制度并不会随着其信号幅度的增大而增加，相反，却会随着其幅度增大而减小。

实际被测系统中总会存在固有的随机噪声，而抑制噪声的能力是与测试信号幅度成比例增大的，即抗噪能力越强时抗非线性失真能力越弱。表 5-3 不同幅度时的失真抑制度（I_d）及峰值噪声比。从表中数据可以看到，随着 m 序列的幅度由 0.2 增大到 2.4 其失真抑制度逐步减小。

表 5-3　不同幅度时的失真抑制度及峰值噪声比

幅度/dB	失真抑制度 I_d/dB	PNR_*n*/dB	PNR_all/dB
0.2	38.11	15.12	15.17
0.4	32.10	27.77	27.67
0.6	28.58	33.56	33.21
0.8	26.08	42.39	41.45
1.0	24.14	45.93	42.83
1.2	22.56	48.60	43.05
1.4	21.22	52.09	44.10
1.6	20.06	54.87	43.04
1.8	19.03	56.57	41.17
2.0	18.12	59.62	40.34
2.2	17.29	62.16	38.43
2.4	16.53	63.74	37.19

为了判定相应的抗噪声能力，在表 5-3 中，PNR_*n* 表示的是信号与随机噪声的峰值噪声比。观察其值，可以发现它是随着幅度的增大而增大的，而且增大的幅度从 18.60 到 2.55×10^2，增

大了几乎 10^2 的数量级，其增大幅度是可观的。结合 I_d 和PNR_n 的值，可以发现抑制噪声能力的提高是以减小抑制非线性失真能力为代价的，反之亦然。

在实际测量中，被测系统难免会同时受到噪声和非线性的干扰，为了既要考虑抗噪声能力又要兼顾抗非线性失真能力，则应该选择一个折衷的信号幅度，使得它们对测量的干扰最小，从而达到最佳的测量效果。表 5-3 中，PNR_all 表示的是同时考虑噪声和非线性干扰时的总峰值噪声比。PNR_all 越大表示对所有干扰的抑制能力越强。为了观察方便，将表 5-3 数据用曲线表示，如图 5-10 所示。从图 5-10 中可以看到，当 m 序列幅度为 1 时，总峰值噪声比达到最大，而小于或者大于该幅度的峰值噪声比都要小于这个值，所以选幅度 1 为最佳幅度。

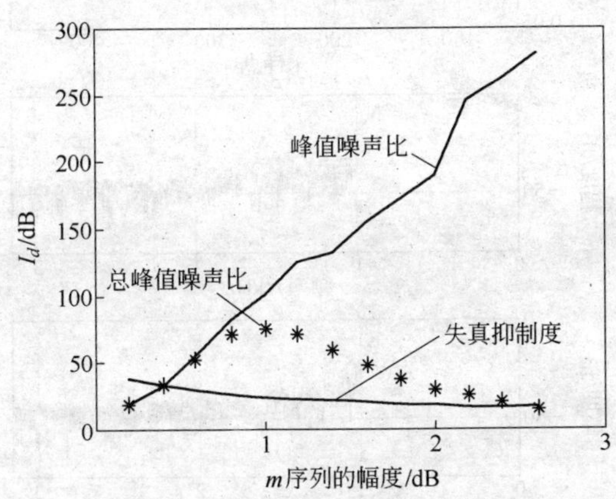

图 5-10　不同幅度时的失真抑制度及峰值噪声比

因为线性脉冲响应的能量是分布在测量周期的初始阶段，随机噪声和非线性干扰分布在整个测量周期内，所以截取了脉冲响应尾部的一部分，从中可以观察噪声干扰和非线性干扰的情况。Hawksford 指出，测试信号幅度为最佳时所对应的噪声能量和非线性失真能量是相等的，此时噪声和非线性对测量的影响程度相同。图 5-11 ~ 图 5-13 是 m 序列幅度分别为 0.4、1.0 和 2.4 时所

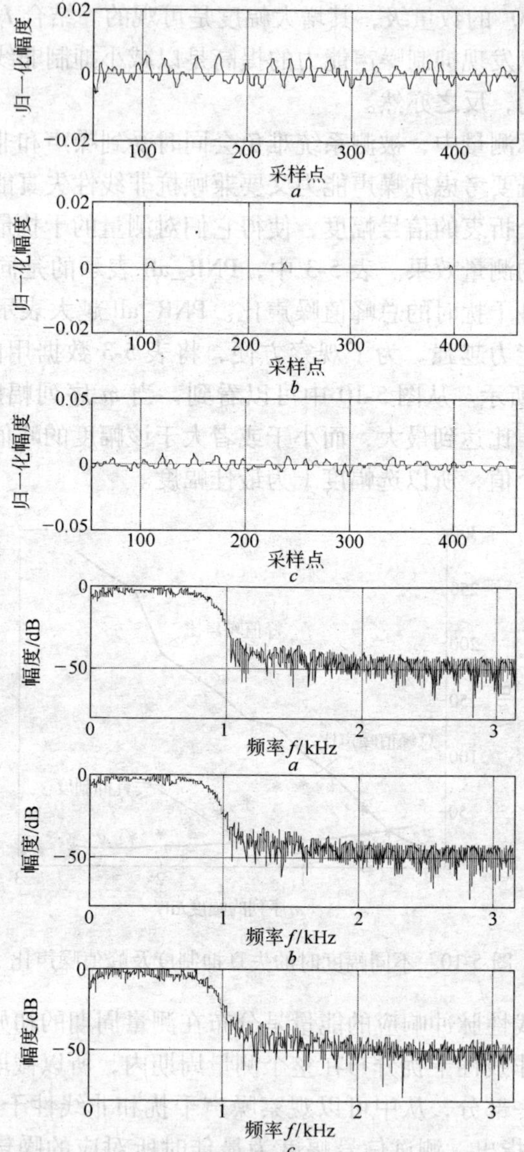

图 5-11 *m* 序列幅度为 0.4 时的响应曲线

a—无任何干扰；*b*—二次幂非线性；*c*—噪声与非线性

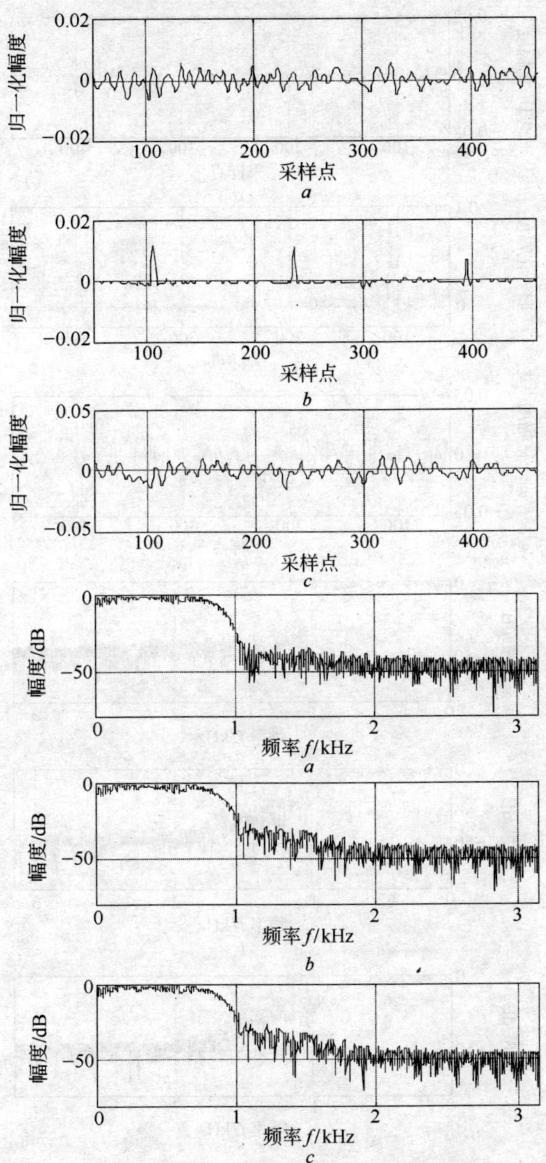

图 5-12 *m* 序列幅度为 1 时的响应曲线

a—无任何干扰；*b*—二次幂非线性；*c*—噪声与非线性

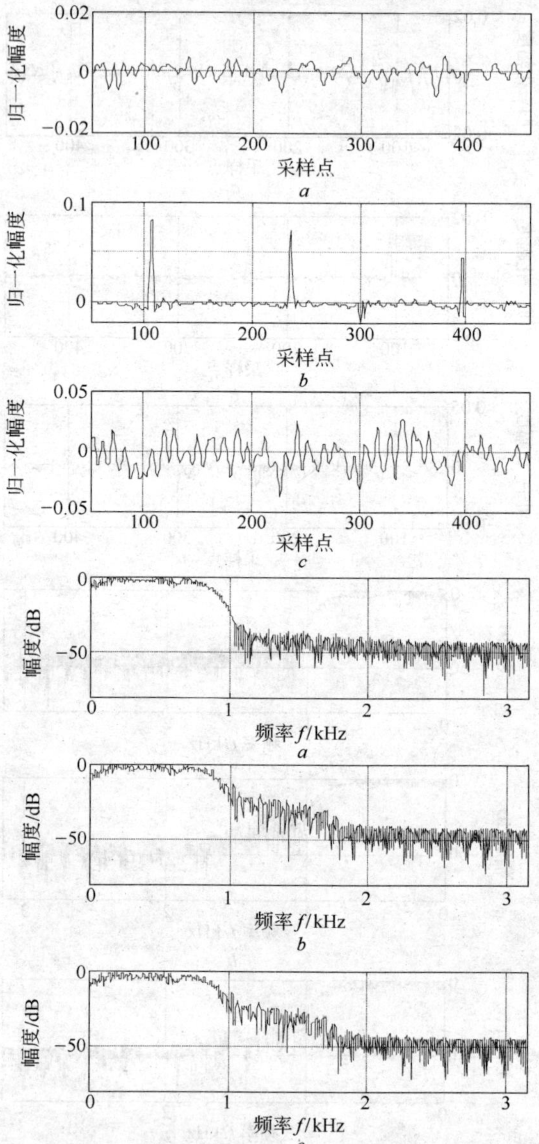

图 5-13　m 序列幅度为 2.4 时的响应曲线

a—无任何干扰；*b*—二次幂非线性；*c*—噪声与非线性

对应的时域和频域曲线。每幅图都对比了三种情况下，即无任何干扰时、有二次幂非线性时以及噪声和非线性同时干扰时，运用 m 序列法得到的脉冲响应。

在图 5-11c 中，二次幂非线性幅度很小，这时噪声是主要的干扰；对比图 5-11a 和图 5-11b 的频域曲线，发现在有无非线性时其曲线相似，而此时图 5-11c 的通带内出现了较明显的“毛刺”，而且幅度也略有下降，所以，可以说明当 m 序列幅度为 0.4 时二次幂非线性产生的频域失真很小，频域的变化主要是由噪声引起。

同理，可以观察到图 5-13 的干扰主要来源于二次幂非线性。

对比图 5-11c ~ 图 5-13c 的时域和频域曲线，可以发现图5-12c 中尾部噪声幅度最小，且幅度变化比较均匀，而且频域的失真程度也最小。也就是说，当 m 序列的幅度为 1 时，噪声和非线性的能量达到了一个近似的平衡，此时总的失真是最小的。这个结论与通过失真抑制度变化推得的结论互相印证，所以可以说明，在其他条件相同的前提下，测试信号的幅度最佳时测量的精度最高。

综上所述，理论及仿真结果表明：

（1）运用 m 序列测量脉冲响应方法对微弱非线性干扰具有一定的抗非线性失真的能力，对不同幂次的非线性抗失真能力是不同的，m 序列法对奇数幂次的非线性抑制能力要高于对相应偶数幂次非线性的抑制能力；

（2）对幂次越高的非线性，m 序列法的抗失真能力越强；

（3）m 序列长度的增加基本上不会增强抗失真能力，只是随着长度的增加测量方差会逐渐减小；

（4）线性脉冲响应出现在测量周期初期，非线性响应分布在整个测量周期内；非线性误差分布曲线随着非线性幂次的增大而逐渐变得平滑，随着 m 序列长度的增大，误差分布也趋于均匀，阶梯坡度变小。

（5）通过增大 m 序列的幅度来获得较大的抗噪声能力是以较小的抗非线性失真能力为代价的，m 序列的幅度最佳时可以获得最佳的整体抗噪声抗失真能力。

6 运用截断提高 m 序列法测量脉冲响应的抗失真能力

6.1 引言

当被测系统有非线性干扰时，m 序列法的测量结果会产生失真。人们提出了多种方法来提高失真抑制度从而改善测量效果。比如，使用逆重复 m 序列作为测试信号来抑制非线性。逆重复 m 序列是 m 序列的组合生成序列，它的特点是该序列的后半周期是前半周期的逆序列，序列长度是原 m 序列长度的 2 倍。这种序列对偶数幂次的非线性具有很好的抑制能力，但却不能抑制奇数幂次的非线性；由于逆重复 m 序列的长度是 m 序列的 2 倍，使得它的计算量大，且算法较复杂，而且也没有像 m 序列法那样的 FMT 快速算法可以应用，所以，该方法没能得到推广。

另外一种普通的方法就是截断法。根据第 5 章的分析，m 序列法中，线性脉冲响应出现在测量周期较早的一小段时间内，而非线性失真基本上均匀分布在整个测量周期内。也就是说，在测量周期的尾部基本没有有用信号，如果将失真后的脉冲响应的尾部截去同时保留线性脉冲部分，那么绝大部分的非线性能量就会被截去，信号能量却损失很小，从而可以有效地提高失真抑制度。

Rife 和 Vanderkooy 认为，滤波后的 m 序列在频域可以看作是相位随机分布的信号，经过输入输出相关运算以后得到的非线性误差均匀分布在整个测量周期内，它的误差分布密度可以认为是常数。既然线性脉冲响应只出现在测量周期的最初时间段内，如果在测量周期 L 内的 t 点处截断数据，则失真抑制度会增加 T dB，其中

$$T = 10\lg\left(\frac{L}{t}\right) \tag{6-1}$$

失真抑制度的增加还和序列长度以及非线性幂次有关。由于

在 m 序列的误差分布中，偶数幂次非线性的不确定性要远大于奇数幂次的，所以对较低幂次的尤其偶数幂次的非线性来说增加的失真抑制度并不是严格小于式（6-1）所示的值。式（6-1）表明，所选取的 t 越小，则在该处截断数据后所获得的失真抑制度越大。然而可以想象当 t 的取值太小，以至于截去大部分信号时，单纯失真抑制度的增加已经没有实际意义了。所以 t 的选取并不是可以越小越好，需要有一个平衡，即在增大失真抑制度的同时要保证信号能量损失最小。

此外，在实际测量中，不同被测系统的线性脉冲响应持续时间是不相同的，测量中需要随时根据被测系统的情况改变截断点；而且在不同的测量中，会因为测量人的主观因素而使得截断点的确定不一致，从而会出现同一个被测系统有不同测量结果的情况。因此准确确定一个不受客观环境因素及主观因素影响的截断点是很有必要的。

室内声学测量中，二次幂非线性的影响要远大于三次幂以上非线性的影响，输入信号幅度相同条件下，三次幂非线性误差的幅度要比二次幂非线性的小很多，如图 6-1 所示。本章主要讨论

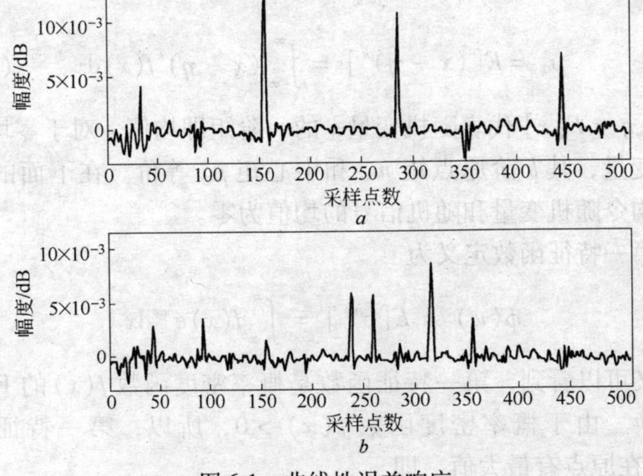

图 6-1 非线性误差响应

a—二次幂非线性误差响应；*b*—三次幂非线性误差响应

测量过程中有二次幂非线性干扰时，各种情况下截断点对测量的影响，并提出具体的确定方法。

6.2 *m* 序列的三阶相关函数

6.2.1 随机信号的高阶矩和高阶累积量

随机信号的统计特性可以用它的时域的数字特征：数学期望、相关函数以及方差进行描述。数学期望反映所有样本函数的统计平均，称为一阶原点矩。方差用来描述随机变量的可能值对平均值的偏离程度。相关函数用来表征随机变量在任意两个不同时刻取值之间的关联程度，方差和相关函数都是二阶矩。高阶累积量是一种高阶统计量，是指高于二阶统计量而言的。

特征函数方法是概率论与数理统计的主要分析工具之一。高阶矩和高阶累积量的定义很容易利用特征函数引出。

考察一连续的随机变量 x，若它的概率密度函数为 $f(x)$，则随机变量 x 的 k 阶（原点）矩 m_k 和中心矩 μ_k 分别定义为

$$m_k = E[x^k] = \int_{-\infty}^{\infty} x^k f(x)\,\mathrm{d}x \tag{6-2a}$$

$$\mu_k = E[(x-\eta)^k] = \int_{-\infty}^{\infty} (x-\eta)^k f(x)\,\mathrm{d}x \tag{6-2b}$$

式中，$\eta = E[x]$ 代表随机变量 x 的一阶矩即均值。对于零均值的随机变量，其 k 阶原点矩 m_k 和中心矩 μ_k 等价。在下面的论述中，均令随机变量和随机信号的均值为零。

第一特征函数定义为

$$\phi(w) = E[\mathrm{e}^{jwx}] = \int_{-\infty}^{\infty} f(x)\mathrm{e}^{jwx}\,\mathrm{d}x \tag{6-3}$$

从定义可以看到，第一特征函数是概率密度函数 $f(x)$ 的 Fourier 反变换。由于概率密度函数 $f(x) > 0$，所以，第一特征函数 $\phi(x)$ 在原点有最大值，即

$$|\phi(w)| \leqslant \phi(0) = 1 \tag{6-4}$$

求第一特征函数的 k 阶导数，得

$$\phi^{k}(w) = \frac{\mathrm{d}^{k}\phi(w)}{\mathrm{d}w^{k}} = j^{k}E[x^{k}\mathrm{e}^{jwx}] \tag{6-5}$$

随机变量 x 的 k 阶矩与第一特征函数存在以下关系

$$m_{k} = E[x^{k}] = (-j)\frac{\mathrm{d}^{k}\phi(w)}{\mathrm{d}w^{k}}\Big|_{w=0} = (-j)^{k}\phi^{(k)}(0) \tag{6-6}$$

由于随机变量 x 的 k 阶矩 $E[x]$ 可以由第一特征函数生成，故常将第一特征函数 $\psi(w)$ 称为矩生成函数。

与 k 阶矩的定义式（6-6）相类似，也可以定义随机变量 x 的 k 阶累积量为

$$c_{kx} = (-j)^{k}\frac{\mathrm{d}^{k}\ln\varphi(w)}{\mathrm{d}w^{k}}\Big|_{w=0} = (-j)^{k}\psi^{(k)}(0) \tag{6-7}$$

式（6-7）中，第一特征函数的自然对数称为第二特征函数，记作

$$\psi(w) = \ln\varphi(w) \tag{6-8}$$

鉴于此，第二特征函数又称为累积量生成函数。

对于平稳连续随机信号 $x(t)$，令 $x_1 = x(t)$、$x_2 = x(t+\tau_1)$，…，$x_k = x(t+\tau_{k-1})$ 并称 $m_{kx}(\tau_1\cdots\tau_{k-1})$ 是随机信号 $x(t)$ 的 k 阶矩。于是

$$m_{kx}(\tau_1\cdots\tau_{k-1}) = E[x(t)x(t+\tau_1)\cdots x(t+\tau_{k-1})] \tag{6-9}$$

类似地，随机信号 $x(t)$ 的高阶累积量表示为

$$c_{kx}(\tau_1\cdots\tau_{k-1}) = \mathrm{cum}[x(t),x(t+\tau_1),\cdots x(t+\tau_{k-1})] \tag{6-10}$$

高阶矩和高阶累积量之间存在如下的转换关系

$$m_{x}(I) = \sum_{U_{p=1}^{q}I_p = I}\prod_{p=1}^{q}c_{x}(I_p) \tag{6-11}$$

式（6-11）称为累积量-矩公式（简称 C-M 公式）

$$c_{(v)} = \sum_{U_{p=1}^{q}I_p = I}(-1)^{q-1}(q-1)!\prod_{p=1}^{q}m_{x}(I_p) \tag{6-12}$$

式（6-12）称为矩-累积量公式（简称 M-C 公式）。式中 $\sum_{U_{p=1}^{q} I_p = I}$ 表示在 I 的所有分割（$1 \leqslant q \leqslant N(I)$）内求和，$U_{p=1}^{q} I_p = I$ 表示集合 I 的分割仍是满足条件的无交连非空集合 I_p 的无序组合。

为了大大简化累积量的表达式，又不失一般性，通常假定时间序列是零均值的（实际上，一个非零均值的时间序列可通过减去均值估计变成零均值）。于是，对于一个零均值的平稳实随机过程 $x(n)$ 而言，从 M-C 公式可以得到以下最常用的简单关系式

$$c_{2x}(\tau) = E\{x(n)x(n+\tau)\} = R_x(\tau) \tag{6-13}$$

$$c_{3x}(\tau) = E\{x(n)x(n+\tau_1)x(n+\tau_2)\} = R_x(\tau_1,\tau_2) \tag{6-14}$$

$$\begin{aligned} c_{4x}(\tau) = & E\{x(n)x(n+\tau_1)x(n+\tau_2)x(n+\tau_3)\} - \\ & R_x(\tau_1)R_x(\tau_2-\tau_3) - R_x(\tau_2) \times \\ & R_x(\tau_3-\tau_2) - R_x(\tau_3)R_x(\tau_1-\tau_2) \end{aligned} \tag{6-15}$$

式（6-13）中 $R_x(\tau) = E[x(n)x(n+\tau)]$ 是 $x(n)$ 的二阶矩即自相关函数。上述关系表明，零均值随机过程的二、三阶累积量与它的二、三阶矩相等，但更高阶的累积量与矩是不相同的。

6.2.2 *m* 序列的三阶相关函数

根据式（6-14）中三阶累积量的关系式，定义 m 序列的三阶相关函数为（或三阶矩）

$$R_x(\tau_1, \tau_2) = E[v(n)v(n+\tau_1)v(n+\tau_2)] \tag{6-16}$$

式中，$\tau_1 = pT_c$ 和 $\tau_2 = qT_c$ 是离散值，p，$q = 1, 2, \cdots, L-1$。

在实际应用中，计算 $R_x(\tau_1,\tau_2)$ 的公式为

$$R_x(\tau_1, \tau_2) = R_x(p,q) = \frac{1}{L+1}\sum_{n=1}^{L} v(n)v_p(n)v_q(n) \tag{6-17}$$

式中，$v_p(n)$ 和 $v_q(n)$ 分别表示序列平移 p 和 q 后所得序列的第 n 个元素。

根据 m 序列的平移相加性，对某些组合（p'，q'），有

$$u_{p'}(n) \oplus u_{q'}(n) = u(n) \tag{6-18}$$

式中，“⊕”表示模二加。从而当对应关系变为（0，1）→（1，-1）后，平移相加特性变为平移相乘特性，对于任意的 n，有 $v_{p'}(n) \cdot v_{q'}(n) = v(n)$。所以，对这些组合有

$$R_x(p',q') = \frac{1}{L+1}\sum_{n=1}^{L}[v(n)]^2 = \frac{L}{L+1} \tag{6-19}$$

对其他的组合（p，q），$v_p(n) \cdot v_q(n) = v_s(n)$，其中 $v_s(n) \neq v(n)$，但是，这个新序列仍然是一个 m 序列，此时有

$$R_x(p,q) = \frac{1}{L+1}\sum_{n=1}^{L} v(n)v_s(n) = -\frac{1}{L+1} \tag{6-20}$$

所以，m 序列的三阶归一化相关函数值为

$$R_x(p,q) = \begin{cases} \dfrac{L}{L+1} & v_p(n) \cdot v_q(n) = v(n) \\ -\dfrac{1}{L+1} & v_p(n) \cdot v_q(n) \neq v(n) \end{cases} \tag{6-21}$$

根据式（6-21），当 m 序列三阶相关函数 $R_x(p, q)$ 在（p，q）处有为 $L/(L+1)$ 的峰值时，在每个峰值的镜像位置（q，p）也存在峰值，在 $1 \leqslant p$，$q \leqslant L-1$ 范围内，由于（p，q）的存在性和唯一性，必定在每一行每一列都存在一个峰值，共 $L-1$ 个峰值在直线 $p=q$ 两边呈对称分布。

进一步的分析可知 $x_p(n) = x(n+p)$ 和 $x_q(n) = x(n+q)$ 是一种左移的表示方法，若采用右移表示法，$n+q=n$（设 $1 \leqslant p \leqslant q \leqslant L$），即

$$x(n+q) = x(n)$$

$$x(n+p) = x(n-(q-p))$$

$$x(n) = x(n-q)$$

则 $R_x(p, q)$ 也可以写成

$$R_x(p,q) = \frac{1}{L}\sum_{n=1}^{L} x(n)x_{-q}(n)x_{-(q-p)}(n)$$

$$= \frac{1}{L}\sum_{n=1}^{L} x(n)x_{L-q}(n)x_{L-(q-p)}(n) \tag{6-22}$$

所以，当（p，q）处存在峰值时，($L-q$, $L-(q-p)$) 处也存在峰值，它们的镜像点(q,p)和（$L-(q-p)$,$L-q$) 处也存在峰值。

综上所述，对于 m 序列的三阶相关函数，有如下结论：

（1）相同反馈逻辑的线性反馈移位寄存器网络产生的 m 序列的三阶相关函数峰值个数及位置相同，而与寄存器的初始状态无关，因为移位寄存器初始状态的改变，只改变了序列的起始相位，其他没有变化；

（2）周期相同、移位寄存器反馈逻辑不同的 m 序列，出现三阶相关函数峰值的位置不相同，而不同周期的 m 序列，其峰值数也不相同；

（3）n 级线性反馈移位寄存器网络产生的 m 序列的三阶相关函数峰值个数为 $L-1=2^n-2$，而且其位置具有对称性，以原点到其相对顶点的对角线为对称。

6.3 截断法抑制二次幂非线性失真

6.3.1 各幂次非线性误差

由第 5 章可知，在运用 m 序列法测量脉冲响应过程中，当有 r 幂次微弱非线性干扰时，被测系统的输出可由式（5-9）得到，即

$$\begin{aligned} y(k) &= x_f(k) + \mathrm{d}\{x_f(k)\} \\ &= x_f(k) + A_d[x_f(k)]^r \end{aligned} \tag{6-23}$$

因为

$$x_f(k) = \sum_{i=0}^{L-1} x(i)h(k-i) \tag{6-24}$$

式中，L 为 m 序列的周期，则

$$y(k) = \sum_{n=0}^{L-1} x(i)h(k-i) + A_d[\sum_{n=0}^{L-1} x(i)h(k-i)]^r \tag{6-25}$$

输入和输出的互相关为 $h_d(k)$，即

$$
\begin{aligned}
h_d(k) &= x(k) \otimes y(k) \\
&= \frac{1}{L+1}\sum_{n=0}^{L-1} x(n)y(k+n) \\
&= \frac{1}{L+1}\sum_{n=0}^{L-1} x(n)\{x_f(k+n) + A_d[x_f(k+n)]^r\}
\end{aligned} \tag{6-26}
$$

式（6-26）中第一项是线性脉冲响应，第二项是由非线性产生的响应。则由非线性产生的脉冲响应测量误差为

$$
\begin{aligned}
\mathrm{e}(k) &= h_d(k) - h(k) \\
&= \frac{1}{L+1}\sum_{n=0}^{L-1} x(n)A_d[x_f(k+n)]^r \\
&= \frac{1}{L+1}A_d\sum_{n=0}^{L-1} x(n)[x_f(k+n)]^r
\end{aligned} \tag{6-27}
$$

而

$$
\begin{aligned}
&[x_f(k+n)]^r \\
&= \sum_{i=0}^{L-1}\sum_{j=0}^{L-1}\cdots\sum_{z=0}^{L-1} \underbrace{h(i)h(j)\cdots h(z)}_{r\text{项}} \times \\
&\quad \underbrace{x(n+k-i)x(n+k-j)\cdots x(n+k-z)}_{r\text{项}}
\end{aligned} \tag{6-28}
$$

所以

$$
\begin{aligned}
\mathrm{e}(k) &= \frac{1}{L+1}A_d\sum_{n=0}^{L-1} x(n)\sum_{i=0}^{L-1}\sum_{j=0}^{L-1}\cdots\sum_{z=0}^{L-1} \underbrace{h(i)h(j)\cdots h(z)}_{r\text{项}} \times \\
&\quad \underbrace{x(n+k-i)x(n+k-j)\cdots x(n+k-z)}_{r\text{项}} \\
&= \frac{1}{L+1}A_d\sum_{i=0}^{L-1}\sum_{j=0}^{L-1}\cdots\sum_{z=0}^{L-1} \underbrace{h(i)h(j)\cdots h(z)}_{r\text{项}} \times
\end{aligned}
$$

$$\left[\sum_{n=0}^{L-1} x(n) \underbrace{x(n+k-i)x(n+k-j)\cdots x(n+k-z)}_{r\text{项}}\right] \tag{6-29}$$

式（6-29）中

$$\begin{aligned}&\phi_r(k_1,k_2,k_3,\cdots,k_r)\\&=\frac{1}{L+1}\sum_{n=0}^{L-1} x(n)x(n+k-i)x(n+k-j)\cdots x(n+k-z)\\&=\frac{1}{L+1}\sum_{n=0}^{L-1} x(n)x(n+k_1)x(n+k_2)\cdots x(n+k_r)\end{aligned} \tag{6-30}$$

是输入信号的 r 阶矩。若用 r 维 $h_r(k_1,\ k_2,\ \cdots,\ k_r)$ 表示含有 r 次幂非线性的脉冲响应乘积，即

$$h_r(k_1,k_2,\cdots,k_r) = A_d h(k_1)h(k_2)\cdots h(k_r) \tag{6-31}$$

则根据 Volterra 级数的定义，$h_r(k_1,\ k_2\cdots,\ k_r)$ 是 r 阶的 Volterra 时域核，式（6-29）可简写为

$$\mathrm{e}(k)=\sum_{i=0}^{L-1}\sum_{j=0}^{L-1}\cdots\sum_{z=0}^{L-1} h_r(k_1,k_2,\cdots,k_r)\phi_r(k_1,k_2,\cdots,k_r) \tag{6-32}$$

同理，可以推得各幂次非线性同时干扰时 $\mathrm{e}(k)$ 的一般表达式为

$$\begin{aligned}\mathrm{e}(k) =&\sum_{k_1=0}^{L-1}\sum_{k_2=0}^{L-1} h_2(k_1,k_2)\phi_2(k_1,k_2) +\\&\sum_{k_1=0}^{L-1}\sum_{k_2=0}^{L-1}\sum_{k_3=0}^{L-1} h_3(k_1,k_2,k_3)\phi_3(k_1,k_2,k_3) +\\&\sum_{k_1=0}^{L-1}\sum_{k_2=0}^{L-1}\sum_{k_3=0}^{L-1}\sum_{k_4=0}^{L-1} h_4(k_1,k_2,k_3,k_4)\phi_4(k_1,k_2,k_3,k_4) +\\&\cdots\end{aligned} \tag{6-33}$$

式（6-33）中，$\phi_r(k_1,\ k_2,\cdots,\ k_r)$ 是 m 序列的 r 阶矩，根据 m 序列的移位相加特性，$\phi_r(k_1,\ k_2,\cdots,\ k_r)$ 只取两值，$L/(L+1)$ 和 $-1/(L+1)$，即 $L/(L+1)$ 对应了时域脉冲响应曲线的大的尖

脉冲，且分布在整个周期内。

结合以上阐述，微弱非线性时，m 序列法测量的仿真过程可以表示为

$$x_f(k) = x(k) * h(k) \tag{6-34}$$

$$\mathrm{e}(k) = x(k) \otimes \mathrm{d}\{x_f(k)\} \tag{6-35}$$

6.3.2 二次幂非线性干扰时截断点的确定

在运用 m 序列法测量脉冲响应过程中，如果被测系统中有二次幂非线性，根据式（6-25）和式（6-28）可以得到此时的输出为

$$\begin{aligned} y(k) &= x_f(k) + \mathrm{d}\{x_f(k)\} \\ &= \sum_{n=0}^{L-1} x(k-i)h(i) + \sum_{i=0}^{L-1}\sum_{j=0}^{L-1} A_d \times \\ &\quad x(k-i)x(k-j)h(i)h(j) \end{aligned} \tag{6-36}$$

从式（6-36）中可以看到，输出项由线性项和非线性项组成。线性项只是对输入 m 序列信号以某个增益进行线性放大，而非线性项中却出现了两个不同延时的输入信号乘积。

将输入与该输出求相关得到 $h_d(k)$ 为

$$\begin{aligned} h_d(k) &= x(k) \otimes y(k) \\ &= \frac{1}{L+1}\sum_{n=0}^{L-1} x(n)y(k+n) \\ &= \frac{1}{L+1}\sum_{n=0}^{L-1} x(n)\{x_f(k+n) + A_d[x_f(k+n)]^2\} \end{aligned} \tag{6-37}$$

若 $h_0(k)$ 表示无非线性时的脉冲响应，则上式写为

$$h_d(k) = h_0(k) + \frac{1}{L+1}A_d\sum_{n=0}^{L-1} x(n)[x_f(k+n)]^2$$

$$
= h_0(k) + \sum_{i=0}^{L-1}\sum_{j=0}^{L-1} A_d h(i)h(j)\left[\frac{1}{L+1}\sum_{n=0}^{L-1} x(n)x(n+k-i)x(n+k-j)\right]
$$

$$
= h_0(k) + \sum_{k_1=0}^{L-1}\sum_{k_2=0}^{L-1} h(k_1,k_2)\left[\frac{1}{L+1}\sum_{n=0}^{L-1} x(n)x(n+k_1)x(n+k_2)\right] \tag{6-38}
$$

由 m 序列的三阶相关函数定义，上式简写为

$$
\begin{aligned}
h_d(k) &= h_0(k) + \sum_{k_1=0}^{L-1}\sum_{k_2=0}^{L-1} h(k_1,k_2)\phi_2(k_1,k_2) \\
&= h_0(k) + \mathrm{e}(k)
\end{aligned} \tag{6-39}
$$

对于无记忆且假设在测量时间内系统是非时变的，式(6-39)中的二阶 Volterra 时域核是常量，显然此时非线性响应误差的大小取决于 m 序列三阶相关函数值的大小。

m 序列的三阶相关函数是二值的，当三阶相关函数 $\phi_2(k_1, k_2)$ 等于 $L/(L+1)$ 时，$\mathrm{e}(k)$ 的值较大，在时域波形上表现为大的尖脉冲；当等于 $-1/(L+1)$ 时，$\mathrm{e}(k)$ 的值较小，表现为一些幅度较小的尖脉冲。

图 6-2 所示为二次幂非线性误差时域波形和非线性误差分布

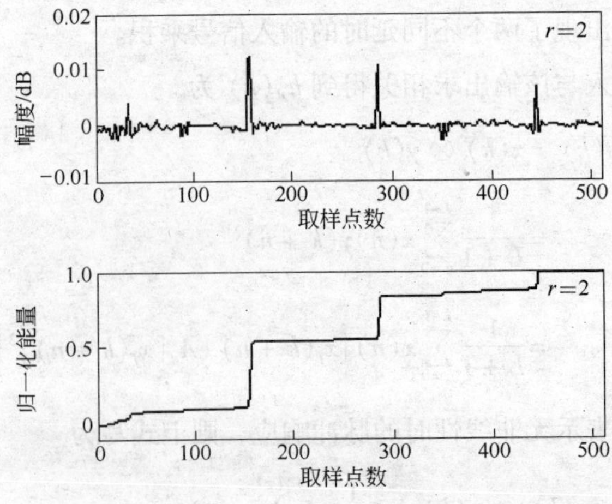

图 6-2　二次幂非线性误差时域波形以及误差分布曲线

曲线。从图 6-2 可以观察到，二次幂非线性的尖脉冲与误差分布曲线的阶梯跳跃位置是相对应的，如果在阶梯跃变前将脉冲响应截断，则会减去大部分的非线性能量。

根据 6.2 节中关于 m 序列三阶相关函数的分析，设式 6-38 中的 $n=0$，$0<k_1<L-1$，若 k_1、k_2 的位置对应的是 m 序列归一化三阶相关函数 $\phi_2(k_1, k_2)=1$ 时的位置，则 k_1 在一个周期内每移动一位，就会对应一个 k_2，与此相对应，经过 FMT 变换后得到的脉冲响应在 k_2 位置处就会出现一个大的非线性误差峰值，该误差峰值幅度会随着 k_1 的增大而减小。

综上分析，只要找到 k_1 较小时距离线性脉冲响应趋于零处最近的那个 k_2 的位置，在该点处截断数据，这时信号能量损失很小而大部分的非线性能量就可以被截去。实际中可以根据线性脉冲响应的持续时间决定 k_1 的数量，从而选择出最小的 k_2 作为截断点。例如，在较小的 5 个 k_1 中，选择相应的 5 个 k_2 中最小的那个作为截断点。

当然对不同本原多项式的 m 序列，其所对应的 k_1、k_2 的最佳位置是不相同的，要选择那些优选的 m 序列，比如特征 m 序列，在这些优选 m 序列的 k_2 位置截断不会因为太接近线性脉冲响应而截去较多的信号能量。通过下节的仿真实验发现，优选的特征 m 序列，它的最小 k_2 的位置与线性脉冲响应趋于零处最近的那个 k_2 的位置基本一致，截断后的信号能量损失很小。

表 6-1 为 7 级本原多项式为（0010001）的特征 m 序列 $k_1 \leqslant 7$ 时对应的 7 个 k_2 的值，在这 7 个 k_2 值内最小的 17 就是所选择的截断点。

表 6-1　7 级 m 序列三阶相关函数峰值位置以及相应点处截断后的 I_d

截断点 k_1	1	2	3	4	5	6	7
截断点 k_2	41	82	73	37	111	17	36
失真抑制度 I_d/dB	34.66	29.90	30.84	36.20	28.66	39.13	36.35
方　差	13.0×10^{-4}	11×10^{-4}	11×10^{-4}	10×10^{-4}	11×10^{-4}	9.5×10^{-4}	10×10^{-4}

6.4　仿真验证

以图 6-3 作为有加微弱非线性时的系统模型，以低通滤波器作为线性子系统，非线性项次数设为 2。在 Matlab 平台下，产生 50 个抽头截止频率为 1kHz 的 Fir 滤波器，同时产生各级 m 序列，采样频率为 1kHz。并设截断点为 j，数据窗长度为 $(2j-1)$。

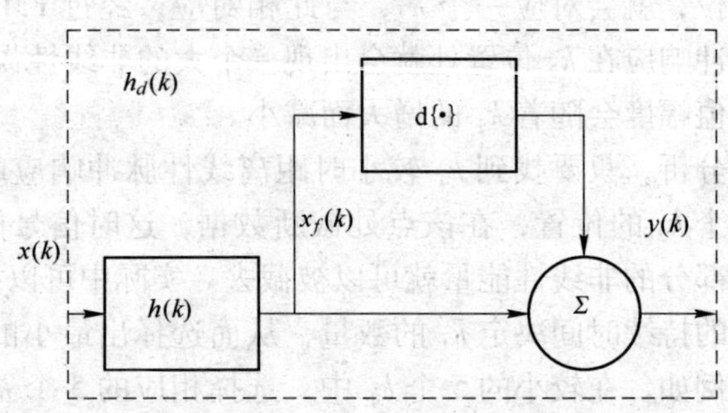

图 6-3　微弱非线性系统模型

6.4.1　验证不同截断处的失真抑制度

将 9 级 m 序列输入到 Fir 滤波器中，滤波后的信号再迭加振幅为 $A_d=0.1$（-20dB）的二次幂非线性干扰，然后经过 FMT 变换恢复滤波器的脉冲响应。真实的脉冲响应以及运用 m 序列法得到的二次幂非线性干扰后的脉冲响应如图 6-4 所示。从图 6-4可以看到二次幂非线性引起的失真分布在整个测量周期内，

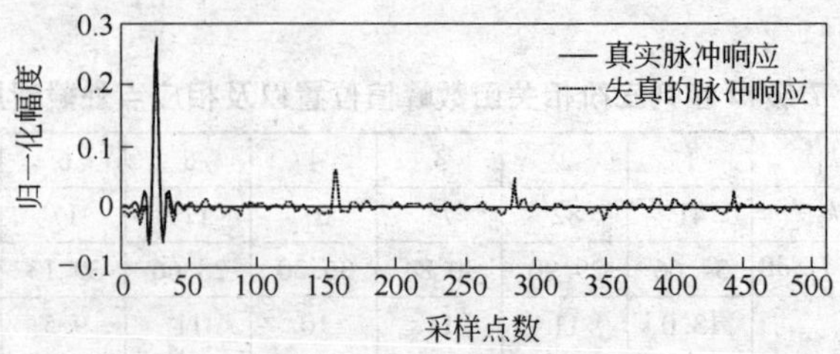

图 6-4　有二次幂非线性干扰时的脉冲响应测量值

且出现了一些类似冲激的尖脉冲。

将失真的脉冲响应在不同截断点处截断后的失真抑制度见表6-2，其中数据窗长度为（$2j-1$）。由表6-2可以得到：

（1）将失真的脉冲响应以不同长度的数据窗截断后，失真抑制度都会增大；

（2）不同长度的数据窗截断数据后相应的失真抑制度是不相同的，j越小，失真抑制度越大。

表6-2 不同点截断后的失真抑制度

截断点 j	7	10	14	17	27	37	47	57	67
截断前 I_d/dB	23.54	23.54	23.54	23.54	23.54	23.54	23.54	23.54	23.54
截断后 I_d/dB	44.24	42.44	40.55	39.13	37.75	36.20	34.87	33.75	32.55

6.4.2 验证选取不同 k_2 截断后的失真抑制度

表6-1是选用7级特征 m 序列作为测试信号，且 $k_1 \leqslant 7$ 时，将失真后的脉冲响应以不同数据窗（$2k_2-1$）截断后的相应失真抑制度，可以看到取最小的 $k_2=17$ 时截断数据所得到的失真抑制度最大、方差最小（截断前失真抑制度为18.14dB），与理论符合得很好。

6.4.3 选择最佳 k_2 为截断点

通过计算得到，在 $k_1 \leqslant 7$ 时7级 m 序列的最小 k_2 值是17，且已知信号介于采样点0~50之间，在采样点26处幅度最大，所以，以宽为$(2k_2-1)=33$的数据窗截断失真的脉冲响应，此时信号能量损失不大，而取样点处于（$26-17+1$）$=10<n<$（$26+17-1$）$=42$之外的非线性峰值正好被截去，信号后处理中尾部残余数据的运算量也会相应减少。

表6-2中截断点为17时所对应的截断后的失真抑制度为35.85dB，比截断前的24.68dB增加了11.17dB。脉冲响应截断前后的频域响应曲线如图6-5所示，图中data1、data2、data3分

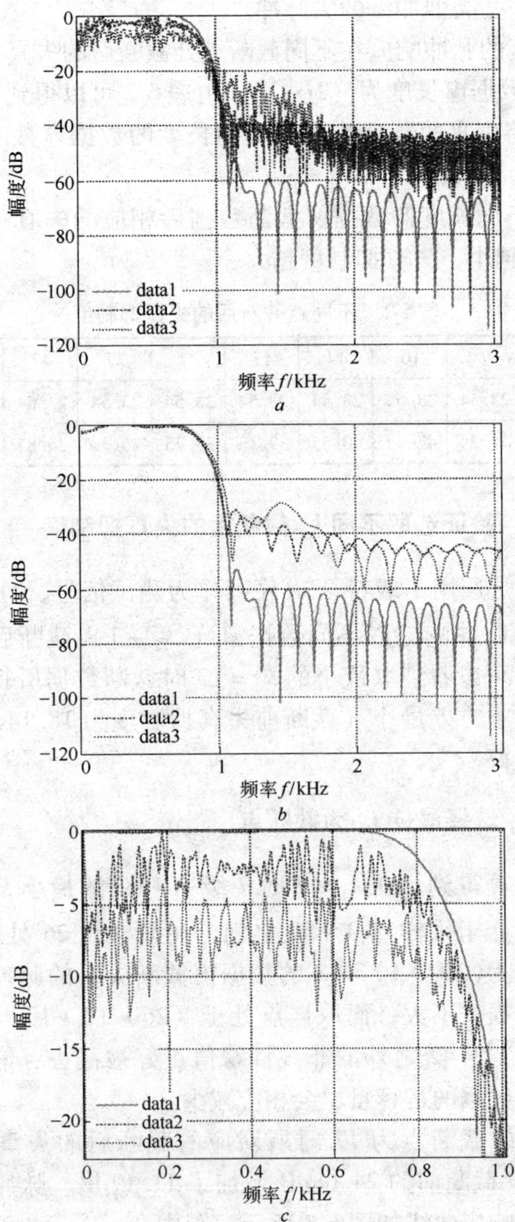
幅度/dB
频率 f/kHz
data1
data2
data3
a
幅度/dB
频率 f/kHz
data1
data2
data3
b
幅度/dB
频率 f/kHz
data1
data2
data3
c

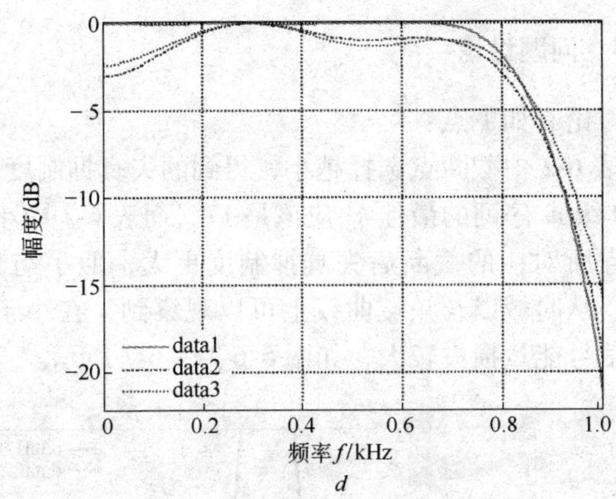

d

图 6-5 截断前后的频域响应曲线

a—截断前的频域响应曲线；*b*—截断后的频域响应曲线；*c*—截断前的频域响应曲线（局部放大后）；*d*—截断后的频域响应曲线（局部放大后）

别为滤波器真实的、*m* 序列法无非线性时得到的和 *m* 序列法有二次幂非线性时得到的滤波器的频域响应曲线。

观察图 6-5 可以发现，运用 *m* 序列法测量得到的滤波器的频域响应曲线和真实曲线相比有些失真，这是因为计算中假设所有信号互不相关，而在仿真中信号有一定的相关性，条件无法保证所造成的，此失真可以通过增大 *m* 序列级数来抑制；此外，运用 FMT 变换中计算的舍入误差也会造成频域的一些失真。图 6-5*a*中有二次幂非线性干扰后，频域曲线出现了更多的“毛刺”失真更为严重，通带内的幅度由失真前的大于 -5dB，几乎全部减小到了小于 -5dB(0.1kHz 之前基本上大于 -5dB)；与此同时，阻滞衰减也变慢了。与脉冲响应截断前的频域曲线相比，无论有无非线性的干扰，截断后的频域特性都得到了明显改善，通带内的幅度有所增大，同时曲线也变得较为光滑。由图 6-5*c* 和图6-5*d* 截断前后通带内曲线的局部放大图更可以明显地观察到以上事实。

6.4.4　问题讨论

问题讨论有如下点：

（1）表 6-2 中截断点选择越小，得到的失真抑制度越大。计算得到，9 级 m 序列的最佳 k_2 应该是 17，而表 6-2 中小于 17 的几个截断点所对应的截断后失真抑制度更大，似乎与分析相矛盾。但是，从时域以及频域曲线上可以观察到，在小于 17 前截断数据，信号能量损失较大，如图 6-6、图 6-7 所示。

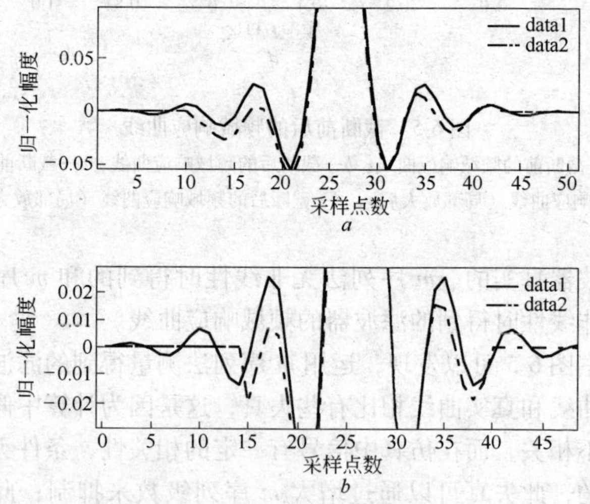

图 6-6　不同截断点的时域对比

a—数据窗长度为 33；*b*—数据窗长度为 27

图 6-6 是放大了的时域波形，data1、data2 分别是真实脉冲响应和失真的脉冲响应。当数据窗长度为$(2k_2-1)=33$，采样点在 10~42 区域之外的信号能量基本趋于零；当数据窗长度为$(2\times14-1)=27$，在采样点 14~40 区域之外截断数据后，信号能量损失较多，如图 6-6*b* 所示。

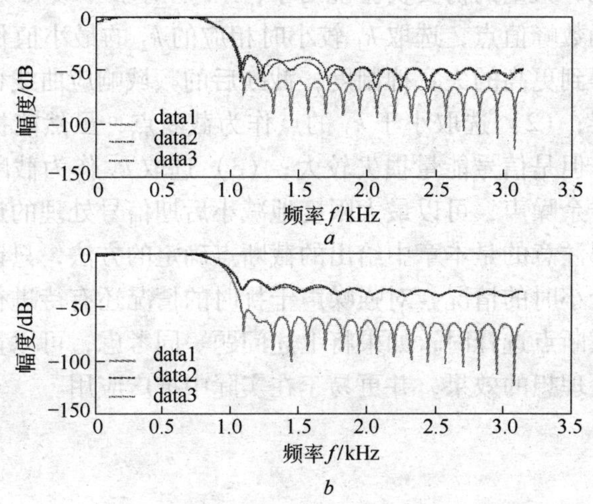

图 6-7 不同截断点的频域对比

a—数据窗长度为 33；*b*—数据窗长度为 25

图 6-7*a* 和图 6-7*b* 分别是采用最佳 k_2 以及 14 为截断点时的频域响应曲线。对比图 6-7*a* 和图 6-7*b*，可以发现，无论有无非线性干扰，图 6-7*b* 中阻滞内的频谱泄漏现象都很严重。通过在时域和频域分别对比分析，都说明了 k_2 是最佳的截断点，当使用截断点小于 k_2 的窗截断数据时，虽然失真抑制度会增大，但是由于信号损失较多，时域和频域曲线效果都不好，测量精度不高。

（2）如果事先将不同长度的 m 序列所对应的 k_2（k_1 较小时）制成码表，有助于对数据进行实时处理。

（3）利用多次测量取平均可以减弱随机噪声对测量的影响，但是该方法对非线性失真是无效的。所以当测量中还伴随有随机噪声干扰时，可以进行多次测量平均，然后再对数据按照本章所提出的选择截断点的方法进行截断。如果处于强噪声环境下，即使取平均也不能减小噪声影响时，这种情况比较复杂，因为此时测量的效果，需要考虑失真抑制度的同时，还需要考虑总的峰值噪声比。对这方面还需要进行继续深入的研究探讨。

总之，大量的仿真实验说明了：（1）对于 n 级 m 序列的三阶相关函数峰值点，选取 k_1 较小时相应的 k_2 的最小值作为截断点可以得到更高的失真抑制度，截断后的频域响应曲线也能得到明显改善；（2）选取小于 k_2 的点作为截断点，虽然能提高失真抑制度，但是信号能量损失较大；（3）选取 k_2 作为截断点截去尾部的残余噪声，可以最大限度地减小后期信号处理的运算量。

值得注意的是本章中给出的截断点确定的方法，只讨论了随机噪声较小时的情况，对强噪声干扰时的情况还有待进行深入研究。在截断点选择时，如果将上述问题一同考虑，可以肯定还能够取得更理想的效果，并更易于在实际中推广应用。

7 基于 FFT 变换的快速相关改进算法

7.1 引言

1965 年，美国学者 Cooley 和 Tukey 提出的快速傅里叶变换算法 FFT（Fast Fourier Transform），使 N 点的离散傅里叶变换 DFT（Discrete Fourier Transform）乘法运算量由 N^2 减至 $N\log_2 N$，运算效率提高了 1 ~2 个数量级。这种快速算法的出现，为数字信号处理技术应用于各种信号的实时处理创造了良好的条件，大大推动了数字信号处理技术的发展。

众所周知，离散时间序列间的相关函数既可以在时域直接计算，也可以在频域计算。由于 DFT 有快速 FFT 算法，当数据长度 N 很大时，在频域计算的速度快得多，因而常用 DFT（FFT）计算相关函数。然而 FFT 算法以及由此发展起来的基 2 算法、基 4 算法、实因子算法和分裂基等算法，都要求 N 是 2 的整数次幂。

在运用伪随机序列测量室内脉冲响应时，通常需要计算长度为（2^n-1）（n 是整数）的序列之间的相关函数，不满足 FFT 对长度的要求。除了 m 序列法在测量脉冲响应时有成熟的 FMT 算法可以计算相关函数之外，其他由 m 序列复合产生的序列，例如 Gold 序列，在计算两序列间的相关函数时，目前，还没有一个比较成熟的快速算法可以运用，因而使得复合序列在脉冲响应测量中的应用受到了一定的制约。

鉴于目前还没有一种快速有效的算法能够计算长度为(2^n-1)的序列间的相关函数,引入一种基于 FFT 的快速相关算法。

7.2 基本概念

7.2.1 离散傅里叶变换的定义

设 $x(i)$ 是一个长度为 M 的有限长序列，则定义 $x(i)$ 的 N

点离散傅里叶变换为

$$X(k) = \mathrm{DFT}[x(i)] = \sum_{n=0}^{N-1} x(i) W_N^{ki} \quad k = 0,1,\cdots,N-1 \tag{7-1}$$

$X(k)$ 的离散傅里叶逆变换 IDFT（Inverse Discrete Fourier Transform）为

$$x(i) = \mathrm{IDFT}[X(k)] = \frac{1}{N} \sum_{i=0}^{N-1} X(k) W_N^{-ki} \quad k = 0,1,\cdots,N-1 \tag{7-2}$$

式中，$W_N = \exp(\frac{-j2\pi}{N})$，$j = \sqrt{-1}$，$N$ 称为 DFT 变换区间长度，$N \geqslant M$。

7.2.2　快速傅里叶变换（FFT）

DFT 是信号分析与处理中的一种重要变换。因为，直接计算 DFT 的计算量与变换区间长度 N^2 成正比，当 N 较大时，计算量太大，所以在快速傅里叶变换出现以前，直接用 DFT 算法进行谱分析和信号的实时处理是不切实际的。直到 1965 年，Cooley、Tukey 发现了 DFT 的一种快速算法以后，情况才发生了根本的变换，人们称之为“快速傅里叶变换”方法。

快速傅里叶变换是巧妙设计的计算离散傅里叶 DFT 的一种运算量小，计算速度快的特殊方法。由于 FFT 的出现，科学分析的许多方面有了完全的改观。

FFT 算法基本上分为两大类：时域抽取法 FFT（Decimation-In-Time FFT，简称 DIT-FFT）和频域抽取法 FFT（Decimation-In-Frequency FFT，简称 DIF-FFT）。FFT 算法的基本原理就是在时域（或频域）把一个 N（一般设 $N=2^n$，n 为整数）点 DFT 分解成两个 $N/2$ 点 DFT，再把 $N/2$ 点 DFT 分解成 $N/4$ 点 DFT，再分解成 $N/8$ 点 DFT，一直分解到两点的 DFT 为止。这种 N 为 2 的

整数幂的 FFT 也称基-2FFT，它可使原有 DFT 的计算量大为减少。

通过实际的理论推导，采用 FFT 计算 N 点 DFT，计算量为 $(N/2)\lg(2N)$ 次复乘，$N\lg(2N)$ 次复加。鉴于一次复乘需要四次实乘和两次实加，所以相应的计算量为 $2N\lg(2N)$ 次实乘和 $2N\lg(2N)$ 次实加。N 点 IDFT 也可由 FFT 来完成其计算量与 N 点 DFT 相同。在 N 越大的情况下，FFT 算法较之直接 DFT 计算的优越性就越明显。此外还有在此基础上产生的实因子算法和分裂基算法等。

7.2.3 离散时间序列的互相关

在信号处理中经常要分析两个信号序列的相似性或一个信号经过一段延迟后自身的相似性，以实现信号的检测、识别和提取。相关的概念广泛地应用于各种信号的处理和检测，如通信、雷达、声纳等领域，也应用于连续时间系统及离散时间系统等。

7.2.3.1 离散互相关定义

对两个长度为 N 的序列 $\{x(i), i \in N\}$ 和 $\{y(i), i \in N\}$，称序列

$$r_{xy}(k) = \sum_{i=0}^{N-1} x(i+k)y(i) \qquad k = 0,1,\cdots,N-1 \quad (7\text{-}3)$$

为序列 $\{x(i)\}$ 和 $\{y(i)\}$ 的离散互相关简称离散相关。这里序列 $\{r_{xy}(k)\}$、$\{x(i)\}$ 和 $\{y(i)\}$ 皆以 N 为周期。一个序列和自身的离散相关称为离散自相关。

7.2.3.2 离散相关定理

设有长度为 N 的序列 $\{x(i)\}$ 和 $\{y(i)\}$ 的 DFT 对

$$X(k) = \mathrm{DFT}[x(i)] \quad X^*(k) = \mathrm{DFT}[x^*(i)]$$

$$Y(k) = \mathrm{DFT}[y(i)] \quad R_{xy}(k) = \mathrm{DFT}[r_{xy}(i)]$$

则 $x(i)$ 和 $y(i)$ 的离散相关序列 $r_{xy}(k)$ 的 DFT 变 $R_{xy}(k)$ 之间成立关系

$$R_{xy}(k) = \overline{X^*(k)Y(k)} \qquad k = 0,1,\cdots,N-1 \quad (7\text{-}4)$$

式中，$\overline{X^*(k)}$ 为 $X^*(k)$ 的复共轭序列。当 $x(i)$ 为实序列时，$x(i) = x^*(i)$，得到以下推论：

推论 1　若长度为 N 的序列 $x(i)$ 和 $y(i)$ 中 $x(i)$ 为实序列，则对离散相关序列 $r_{xy}(k)$ 的 DFT$[r_{xy}(i)]$ 成立

$$R_{xy}(k) = X^*(k)Y(k) \qquad k = 0,1,\cdots,N-1 \tag{7-5}$$

根据离散相关定理和推论 1，得到计算两个长度为 N 的实序列的离散相关算法如下：

（1）计算 $x(i)$ 的 N 点 DFT 的共轭 $X^*(k)$；

（2）计算 $y(i)$ 的 N 点 DFT 变换 $Y(k)$；

（3）计算 $R_{xy}(k) = X^*(k)Y(k) \qquad k = 0,1,\cdots,N-1$；

（4）用 N 点 IDFT 逆变换由 $R_{xy}(k)$ 得相关序列 $r_{xy}(k)$。

显然，在频域计算离散相关的关键是对两序列进行 DFT 变换及其乘积的反变换。当序列长度 $N=2^n$ 时，可以直接利用 FFT 相关程序实现离散相关的快速计算。当两个序列长度为（2^n-1）时，则不能直接运用 FFT 变换。当级数 n 较高时，直接进行 DFT 变换的速度很慢，而实际中有很多领域需要快速计算长度不等于 2 的整数次幂的 DFT，所以许多学者致力于研究和解决这个问题，并且也提出了许多值得借鉴的方法。

7.3　长度不为 2 的整数幂次的 DFT 快速算法

7.3.1　直接补零的 FFT 算法

在 FFT 的基础上改进或者发展起来的许多快速算法减少了运算的复杂性，特别是加法和乘法的次数，但是这些算法长度必须都满足 2 的整数次幂。在很多应用中也需要计算长度不满足 2 的整数次幂的 DFT，对此经常使用零填充法扩展输入序列长度来使用已有的快速算法。

当序列长度是（2^n-1）时，给序列直接补一个零是形式上以及实现最简单的一种以 FFT 算法为基础，实现 DFT 变换的快速运算方法。

现有 $N=N_1\neq 2^n$（n 为整数）的序列 $x(i)=\{x(0),x(1),\cdots,x(N_1-1)\}$，其傅里叶变换如式（7-1）所示。将 $x(i)$ 序列补 N_1' 个零，使 $N_2=N_1+N_1'$ 为 2 的整数次幂，则 $x(i)$ 变为 $x_2(i)$

$$x_2(i)=\{x_1(0),x_1(1),\cdots,x_1(N_1-1),0,\cdots,0\}$$

其傅里叶变换为

$$X_2(k)=\sum_{i=0}^{N_1-1}x_2(i)\mathrm{e}^{-j2\pi ik/N_2}\quad k=0,1,\cdots,N_2-1 \tag{7-6}$$

或者可写为

$$X_2(k)=\sum_{i=0}^{N_1-1}x_2(i)\mathrm{e}^{-j2\pi ik/N_2}+\sum_{i=N_1}^{N_2-1}x_2(i)\mathrm{e}^{-j2\pi ik/N_2} \tag{7-7}$$

显然，式（7-7）第 2 项为零，由于

$$x_2(i)=x_1(i)\qquad 0\leqslant i\leqslant N_1-1$$

所以，可以得到

$$X_2(k)=\sum_{i=0}^{N_1-1}x_1(i)\mathrm{e}^{-j2\pi ik/N_2}\quad k=0,1,\cdots,N_2-1 \tag{7-8}$$

由于 $N_1\neq N_2$，所以式（7-8）和式（7-6）区别在于复指数的周期不同，如果用 $X_1(k)$ 来表示 $X_2(k)$，有

$$\begin{aligned}X_2(k)&=\sum_{i=0}^{N_1-1}\left[\frac{1}{N_1}\sum_{m=0}^{N_1-1}X_1(m)\mathrm{e}^{j2\pi im/N_1}\right]\mathrm{e}^{-j2\pi ik/N_2}\\&=\sum_{m=0}^{N_1-1}\frac{X(m)}{N_1}\sum_{i=0}^{N_1-1}\mathrm{e}^{j2\pi i\left(\frac{N_2}{N_1}m-k\right)/N_2}\\&=\sum_{m=0}^{N_1-1}\frac{X(m)}{N_1}S(m,k)\end{aligned} \tag{7-9}$$

式中，$S(m,k)=\sum_{i=0}^{N_1-1}\mathrm{e}^{j2\pi i\left(\frac{N_2}{N_1}m-k\right)/N_2}$。

显然，当 $N_2m/N_1=k$ 时，$X_1(k)=X_2(k)$，当 $N_2m/N_1\neq k$ 时，$X_1(k)\neq X_2(k)$，$X_2(k)$ 等于按式（7-9）求得的结果。

设 $N_2/N_1=r$，则对于长度不等于 2 的整数次幂的 N_1，需要补 $(r-1)N_1$ 个零（r 为正整数），才能使扩展后的序列长度 rN 满足 2 的整数次幂的条件。而根据文献的证明，为使补零前后的傅

里叶结果相同，N_1 和 r 必须同时为 2 的整数次幂。

也就是说，只要原序列的长度不是 2 的整数次幂，则该方法在补零前后的傅里叶变换一定是不相同的，直接补零会产生不可避免的误差。

例如，长度为 31 的 Gold 序列 $G = [-1 -111 -1 -1 -1 -1 11 -1 -1 -111 -11 -1 -11 -11111 -1 -11 -111]$的归一化自相关函数，如图 7-1$a$ 所示。将该序列补一个零后长度变为 32，运

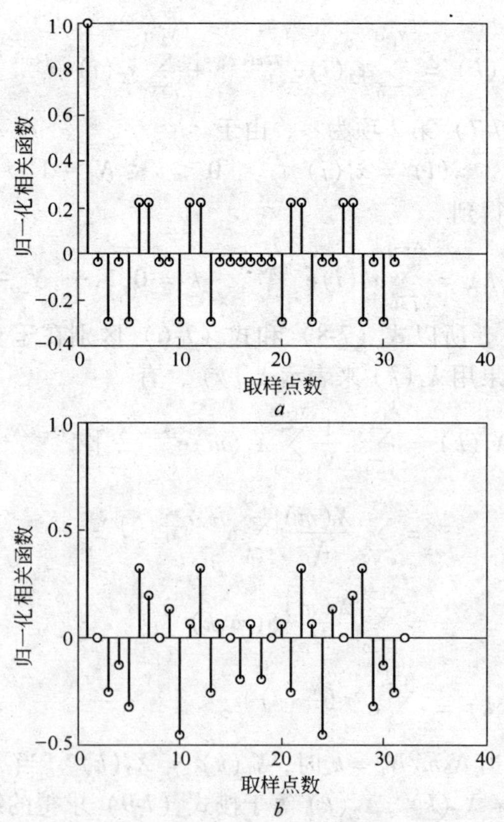

图 7-1　长度为 31 的自相关函数曲线

a—真实自相关函数曲线；b—补零后 FFT 方法得到的自相关函数曲线

用 FFT 算法分别求得长为 32 的序列的傅里叶变换及其共轭序列，两序列频域相乘后进行 32 点反傅里叶变换，则可得到此 Gold 序列的自相关函数曲线，如图 7-1*b* 所示。

对比图 7-1*a* 和图 7-1*b* 可以发现，长度为 31 的 Gold 序列的真实自相关函数与补一个零后运用 FFT 计算其自相关所得到的曲线有很大差别。如果根据此自相关函数计算其功率谱，则误差是很明显的。

从以上仿真实例可以看到，虽然只补了一个零，但也使得 Gold 序列的自相关函数产生了很明显的误差。直接补零方法虽然操作简单易行，然而却会给信号分析带来很大的误差，在要求精度较高时，一般不做直接补零处理。

7.3.2 Winograd 快速傅里叶变换算法（WFTA）

WFTA 算法是 S. Winograd 在美国纽约大学于 1976 年提出的，它是建立在下标映射和数论上的一套完全新颖的算法，并在以后的几年内形成了一套较为完整的算法理论。该算法的主要步骤是：

（1）利用下标映射把大 N 点的 DFT 化成互素的小 N 点的 DFT，小 N 点因子可选取 2、3、4、5、7、8、9、16；

（2）把小 N 点的 DFT 化成循环卷积；

（3）找出计算小 N 点卷积的快速算法，从而得到小 N 点的 DFT 的快速算法；

（4）由小 N 点的 DFT 求出大 N 点的 DFT。

WFTA 算法的优点是选择 DFT 点数灵活，适用于 N 不为 2 的整数次幂的情况。它有着和分裂基相比最少的实数乘法以及较高的运算精度。若把实数乘法和实数加法作为比较的指标，WFTA 算法和分裂基大体相同。

然而，WFTA 算法的缺点是程序复杂，不能同址运算，因此需要较大的存储量和数据的传递次数，比 FFT 复杂得多。

7.3.3　算术傅里叶变换（AFT）

1988 年，Tufts 和 Sadasiv 提出了一种用莫比乌斯反演公式（Mobius inversion formula）计算连续函数的傅里叶系数的方法并命名为算术傅里叶变换（AFT）。

7.3.3.1　AFT 定义

设 $A(t)$ 为周期为 2 的函数，它的傅里叶级数只含有限项，即

$$A(t) = a_0 + \sum_{n=1}^{N} a_n \cos 2\pi f_0 t + \sum_{n=1}^{N} b_n \sin 2\pi f_0 t \tag{7-10}$$

式中，$f_0 = 1/T, a_0 = \int_0^T A(t)\mathrm{d}t$。

设

$$B(2n,\alpha) = \frac{1}{2n}\sum_{m=0}^{2n-1}(-1)mA\left(\frac{m}{2n}T + \alpha T\right), (-1 < \alpha < 1) \tag{7-11}$$

则傅里叶系数 a_n 和 b_n 可以由下列公式计算

$$a_n = \sum_{l=1,3,5}^{\left[\frac{N}{n}\right]} u(l)B(2nl,0) \tag{7-12}$$

$$b_n = \sum_{l=1,3,5}^{\left[\frac{N}{n}\right]} u(l)(-1)^{\frac{l-1}{2}} B\left(2n, \frac{1}{4nl}\right), (n = 1, \cdots, N) \tag{7-13}$$

式中

$$u(l) = \begin{cases} 1 & l = 1 \\ (-1)^r & l = p_1, p_2, \cdots, p_r \text{ 为相异素数} \\ (0) & \text{存在一个素数,使 } p^2 \mid l \end{cases}$$

为莫比乌斯（Mobius）函数。称这种计算傅里叶系数的方法为算术傅里叶变换。

7.3.3.2 用 AFT 计算 DFT 的算法

设 $x(i)$ 为一长度为 N 的实序列，它的离散傅里叶变换 DFT 为式（7-1）所示，即

$$X(k) = \text{DFT}[x(i)] = \sum_{n=0}^{N-1} x(i) W_N^{ki} \quad k = 0,1,\cdots,N-1$$

由于离散序列的傅里叶变换和连续函数的傅里叶级数有着密切的联系。事实上，若 $x(i)$ 是一段区间（不妨设为 [0，T]）上的函数 $A(t)$ 经过离散化后得到的。把 $A(t)$ 作傅里叶级数展开

$$A(t) = \sum_{-\infty}^{\infty} a_k e^{i2\pi f_0 t} = a_0 + \sum_{k=1}^{\infty} a_k \cos 2\pi f_0 t + \sum_{k=1}^{\infty} b_k \sin 2\pi f_0 t \tag{7-14}$$

则 DFT 和傅里叶系数的关系为

$$X(k) \approx \frac{N}{2} a_k \tag{7-15}$$

或

$$\left.\begin{aligned} \text{Re}X(k) &\approx \frac{N}{2} a_k \\ \text{Im}X(k) &\approx \frac{N}{2} b_k \end{aligned}\right\} \tag{7-16}$$

式中，$\text{Re}X(k)$ 和 $\text{Im}X(k)$ 分别表示为 $X(k)$ 的实部和虚部。

根据 AFT 的定义以及相关的理论，可以知道用 AFT 计算函数的傅里叶系数时，只需要知道它经过离散化后的序列值即可，不需要知道全部区间上的函数值。所以，可以用 AFT 来计算 DFT[118]。

从式(7-14)～式(7-16)可以看出，AFT 需要 $O(N)$ 的乘法和 $O(N^2)$ 的加法，而且计算结构简单，非常适合 VLSI 设计。

虽然 AFT 方法可以用来计算任何长度的 DFT，而且有好多优越性，是一种 DFT 的快速算法，但是 AFT 方法中需要对样本点进行插值，这势必会带来一定的误差。为了寻找一种精度较高

的算法用于计算两序列间的互相关，所以 AFT 算法在这里不是首选。

7.3.4 运用子群卷积的快速傅里叶变换算法（Mersenne 素数）

对于任何长度为 Mersenne 素数（$N = 2^n - 1$，N 为素数）的 DFT，都可以变为 m 个长度为 M 的子群的循环卷积。这些循环卷积有相同的长度和类似的结构，这就大大简化了算法的结构。由于各模块都有不同的独立子群，算法可以按并行处理，这就极大地提高了计算速度，节省了内存。

然而对于 m 序列及其合成的伪随机序列来说，长度为 Mersenne 素数的序列很少，目前所知道的形如 $2^n - 1$ 的素数只有对应于 $N=3$，7，31，127 的 4 个素数，所以在实际中使用具有很大的局限性。

总之，目前，现有的这几种计算长度不满足 2 的整数次幂要求的序列的 DFT 的快速算法，在声学脉冲响应的测量中都有着不同程度的缺陷，不能在声学测量中直接应用，需要寻找其他的 DFT 快速算法。

7.4 基于 FFT 的快速相关算法

鉴于 FFT 是目前很成熟的快速算法，目前也没有其他现成的快速算法可以用来较精确地计算序列长度为（$2^n - 1$）的互相关函数，所以笔者引入了这种基于 FFT 的快速互相关算法。该算法的基本思路是希望通过式（7-5）在频域计算其相关函数值，所以首先将长度不等于 2 的整数次幂的序列经过补零扩展为长度满足 2^n 的条件，并且是 2 的最小整数次幂；扩展后的序列再运用 FFT 变换分别求得两序列的 DFT 和共轭；在频域相乘后通过 IFFT 求出其扩展序列的互相关函数；最后根据扩展序列之间的互相关与原序列之间的互相关的关系而得到待求序列间的互相关。

7.4.1 算法原理

令$I(I \neq 2^n$，n为整数）表示两序列$\{x(i), i \in I\}$和$\{y(i), i \in I\}$的长度，定义长度为$L(L \geqslant I)$的$x_L(i)$和$y_L(i)$是$x(i)$和$y(i)$以L为周期的重复序列，它们满足

$$x_L(i) = y_L(i) = 0, i \notin \{0,1,\cdots,I-1\}$$

$$x_L(i) \text{ 和 } y_L(i) \text{ 为任意值}, i \notin \{0,1,\cdots,I-1\}$$

则$x_L(i)$和$y_L(i)$分别称为$x_I(i)$和$y_I(i)$的扩展序列。

为了计算$x_I(i)$和$y_I(i)$的互相关值，由频域理论可知，两周期序列的互相关函数可以由此两序列的傅里叶变换的乘积的反变换而得到，即

$$R_{x_L y_L}(k) = F^{-1}(X_L(k)Y_L^*(k)) \tag{7-17}$$

式中，F是快速傅里叶（FFT）变换算子，$X_L(k)$、$Y_L^*(k)$分别是$x_L(i)$和$y_L^*(i)$的离散傅里叶变换。如果L不是 2 的整数幂次，则不能直接运用 FFT 变换来计算此相关函数。

令$R_{x,y}(k)$表示$x(i)$和$y(i)$的互相关函数，则

$$R_{x,y}(k) = \sum_{i=-\infty}^{\infty} x(i+k)y(i) = \sum_{i=\max\{0,-k\}}^{\min\{I-1,I-1-k\}} x(i+k)y(i) \tag{7-18}$$

因为，$i \notin \{0,1,\cdots,I-1\}$时$x(i)$和$y(i)$都等于零，所以，可知$\max\{0, -k\} = -k$，$\min\{I-1, I-1-k\} = I-1-k$，由此可得

$$R_{x,y}(k) = \begin{cases} \sum\limits_{i=-k}^{I-1} x(i+k)y(i) & k < 0 \\ \sum\limits_{i=-k}^{I-1-k} x(i+k)y(i) & k > 0 \end{cases} \tag{7-19}$$

由式（7-19）可以看出，当$k \notin \{0, \pm 1, \cdots, \pm(I-1)\}$时$R_{x,y}(k)=0$。此外，容易得知两相同周期序列的相关函数可表示为

$$R_{x_L,y_L}(k) = \sum_{j=-\infty}^{\infty} R_{x,y}(k-jL) \tag{7-20}$$

即在 $k\in\{0,\ \pm1,\ \cdots,\ \pm(I-1)\}$ 时 $R_{x_Ly_L}(k)$ 的值可以由 $R_{x,y}(k)$ 求出。因为当 $k\notin\{0,\ \pm1,\ \cdots,\ \pm(I-1)\}$ 且 $L\geqslant I$ 时 $R_{x,y}(k)=0$，可以得出 $j<0$ 时，$R_{x,y}(k-jL)=0$，其中 $k\geqslant0$。同理，$j>1$ 时，$R_{x,y}(k-jL)=0$，其中 $k<L$。所以可以推得当 $0\leqslant k\leqslant L-1$ 时，

$$R_{x_L,y_L}(k)=R_{x,y}(k)+R_{x,y}(k-L) \tag{7-21}$$

特别地，如果 $L\geqslant2I$，则式（7-21）可写为

$$R_{x_L,y_L}(k)=\begin{cases}R_{x,y}(k) & 0\leqslant k\leqslant I-1\\ 0 & I\leqslant k\leqslant L-1\\ R_{x,y}(k-L) & L-I<k\leqslant L-1\end{cases} \tag{7-22}$$

式（7-22）也可写为

$$R_{x,y}(k)=\begin{cases}R_{x_L,y_L}(L+k) & -(I-1)\leqslant k\leqslant -1\\ R_{x_L,y_L}(k) & 0\leqslant k\leqslant I-1\\ 0 & \text{其他}\end{cases} \tag{7-23}$$

由式（7-22）、式（7-23）可知，如果 L 至少取 $2I$，则 $R_{x_I,y_I}(k)$ 可以由 $R_{x_Ly_L}(k)$ 求得。因此，如果选取 $L=2^N$，N 为满足 $L\geqslant2I$ 的最小自然数，则 $R_{x_L,y_L}(k)$ 可以由式（7-17）求得，然后根据式（7-23）可求得 $R_{x,y}(k)$，最后把式（7-21）中的 L 用 I 替换可得到所求 $R_{x_I,y_I}(k)$。

计算长度为 2^n-1 的两序列之间的相关值的步骤为：

（1）将两序列 $x(i)$ 和 $y(i)$ 分别补 2^n+1 个零，使它们的长度变为 2^{n+1}，分别表示为 $x_L(i)$ 和 $y_L(i)$；

（2）用 2^{n+1} 点的FFT求 $x_L(i)$ 和 $y_L(i)$ 的傅里叶变换 $X_L(k)$ 和 $Y_L(k)$，并求出 $Y_L(k)$ 的共轭 $Y_L^*(k)$；

（3）计算乘积 $X_L(k)Y_L^*(k)$，并用 2^{n+1} 点的IFFT求得 $X_L(k)$ 和 $Y_L(k)$ 的相关序列 $R_{x_Ly_L}(k)$；

（4）取 $R_{x_L,y_L}(k)$ 的前 2^n-1 点和后 2^n-1 点，并且分别顺序

相加即可得到 $x(i)$ 和 $y(i)$ 的相关序列 $R_{x,y}(k)$ 。

为叙述方便，称这种算法为基于 FFT 的快速相关算法。

7.4.2 算法举例

［例 7-1］ 运用基于 FFT 的快速相关法计算长度为 31 的 Gold 序列 $G(i) = [-1\ -111\ -1\ -1\ -1\ -111\ -1\ -1\ -111\ -11\ -1\ -11\ -11111\ -1\ -11\ -111]$ 的自相关函数。式中，$G(i)$ 真实的归一化自相关值为

$$R_{31} = [1\ \ -0.032258\ \ -0.29032\ \ -0.032258\ \ -0.29032\ \ 0.22581\ \ 0.22581\ \ -0.032258\ \ -0.032258\ \ -0.29032\ \ 0.22581\ \ 0.22581\ \ -0.29032\ \ -0.032258\ \ -0.032258\ \ -0.032258\ \ -0.032258\ \ -0.032258\ \ -0.032258\ \ -0.29032\ \ 0.22581\ \ 0.22581\ \ -0.29032\ \ -0.032258\ \ -0.032258\ \ 0.22581\ \ 0.22581\ \ -0.29032\ \ -0.032258\ \ -0.29032\ \ -0.032258]$$

根据基于 FFT 的快速相关算法步骤，将 $G(i)$ 的 31 个数据补零扩展到 2 的最小次幂 64 个采样点，通过 64 点 FFT 变换求得长度为 64 的扩展序列的自相关函数值为

$$R_{64} = [31\ \ -2.0635\times10^{-15}\ \ -7\ \ -2\ \ -11\ \ 8\ \ 7\ \ -1.4104\times10^{-15}\ \ 5\ \ -8\ \ 3\ \ 6\ \ -9\ \ 2\ \ 3\ \ -2\ \ 1\ \ -4\ \ -3\ \ 1.3323\times10^{-15}\ \ 1\ \ 4\ \ -1\ \ -6\ \ -1\ \ -1.2541\times10^{-15}\ \ -1\ \ 2\ \ 1\ \ -2\ \ -1\ \ -1.4893\times10^{-15}\ \ 1.7764\times10^{-15}\ \ -1.4893\times10^{-15}\ \ -1\ \ -2\ \ 1\ \ 2\ \ -1\ \ -1.2541\times10^{-15}\ \ -1\ \ -6\ \ -1\ \ 4\ \ 1\ \ 1.3323\times10^{-15}\ \ -3\ \ -4\ \ 1\ \ -2\ \ 3\ \ 2\ \ -9\ \ 6\ \ 3\ \ -8\ \ 5\ \ -1.4104\times10^{-15}\ \ 7\ \ 8\ \ -11\ \ -2\ \ -7\ \ -2.0635\times10^{-15}]$$

如图 7-2 所示，然后将该相关函数的前 31 点和后 31 点值分别相加并除以 31，则可得到与图 7-1a 完全相同的归一化相关曲线。

［例 7-2］ 在 Matlab 平台上，将 $n=5$ 级的 m 序列 $m(i) = [-11111\ -11\ -11\ -1\ -1\ -11\ -1\ -1111\ -1\ -1\ -1\ -1\ -111\ -1$

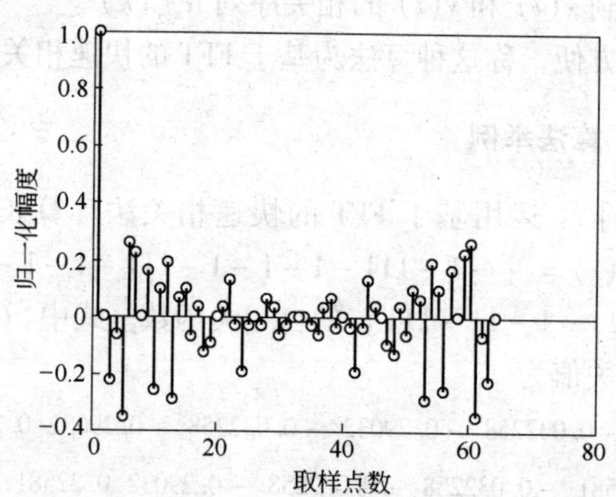

图 7-2　长度为 64 的扩展序列的相关函数曲线

−11 −111］输入到由 fir 函数产生的 50 个抽头（取其后 26 个系数）、截止频率为 1kHz 的低通滤波器中，然后将输入信号与输出信号运用 FMT 算法求相关，则得到该滤波器的脉冲响应为

$$h_{fmt}(i) = [0.27198\ \ 0.23128\ \ 0.12746\ \ 0.036131\ \ -0.057421\ \ -0.070401\ \ -0.04037\ \ -0.025624\ \ -0.018612\ \ 0.0025982\ \ 0.0083438\ \ 0.0038562\ \ -0.0026474\ \ -0.0056433\ \ -0.032051\ \ -0.048266\ \ -0.052188\ \ -0.019554\ \ 0.0073705\ \ -0.0094028\ \ -0.0060744\ \ -0.0049792\ \ -0.0034601\ \ -0.028784\ \ -0.018546\ \ -0.03259\ \ -0.014363\ \ -0.026232\ \ -0.038197\ \ -0.045772\ \ -0.047282]$$

将输入序列 $m(i)$ 补零扩展为长度是 64 的序列，然后与相同长度的输出序列求相关，得到扩展后的 64 个采样点的互相关序列 $r_{my}(i)$，即

$$r_{my}(i) = [0.27198\ \ 0.2403\ \ 0.13532\ \ 0.014046\ \ -0.079433\ \ -0.11322\ \ -0.07053\ \ -0.012055\ \ 0.0053966\ \ 0.033642$$

−0.0084418 0.0038506 0.013207 0.037232 0.041197
0.051605 −0.022306 −0.052588 −0.059643 −0.073675
−0.057444 0.023251 0.043184 0.019472 −0.012298
−0.040184 0.0051396 0.00229 0.024469 0.013244
−0.01298 -3.5814×10^{-18} 0 -2.8651×10^{-17} −0.0090153
−0.0078681 0.022085 0.022012 0.042818 0.03016
−0.013569 −0.024008 −0.031043 0.016786 5.5452×10^{-6}
−0.015854 −0.042876 −0.073248 −0.099871
−0.029882 0.033035 0.067014 0.064272 0.051369
−0.02823 −0.046644 −0.048256 −0.006248 0.0075939
−0.019503 −0.028522 −0.062667 −0.059016 −0.034302]

取 $r_{my}(i)$ 的前 31 点和后 31 点，并分别按顺序相加且除以周期长度 31，即可得运用基于 FFT 的快速相关法求得的滤波器的脉冲响应

$h_{ffi}(i)$ = [0.27198 0.23128 0.12746 0.036131 −0.057421
−0.070401 −0.04037 −0.025624 −0.018612 0.0025982
0.0083438 0.0038562 −0.0026474 −0.0056433 −0.032051
−0.048266 −0.052188 −0.019554 0.0073705 −0.0094028
−0.0060744 −0.0049792 −0.0034601 −0.028784
−0.018546 −0.03259]

滤波器真实的脉冲响应为

$h(i)$ = [0.27947 0.24391 0.15379 0.049371 −0.027576
−0.055123 −0.039135 −0.0047398 0.021381 0.025925
0.012739 −0.0044979 −0.013628 −0.011302 −0.0025611
0.0049531 0.0068201 0.0037551 −0.00054594
−0.0028897 −0.0025359 −0.00076244 0.00078131
0.0012816 0.000853 -2.7404×10^{-18}]

实际滤波器的脉冲响应以及运用两种算法分别得到的滤波器的脉冲响应如图 7-3*a*、图 7-3*b*、图 7-3*c* 和图 7-3*d* 所示。对比图

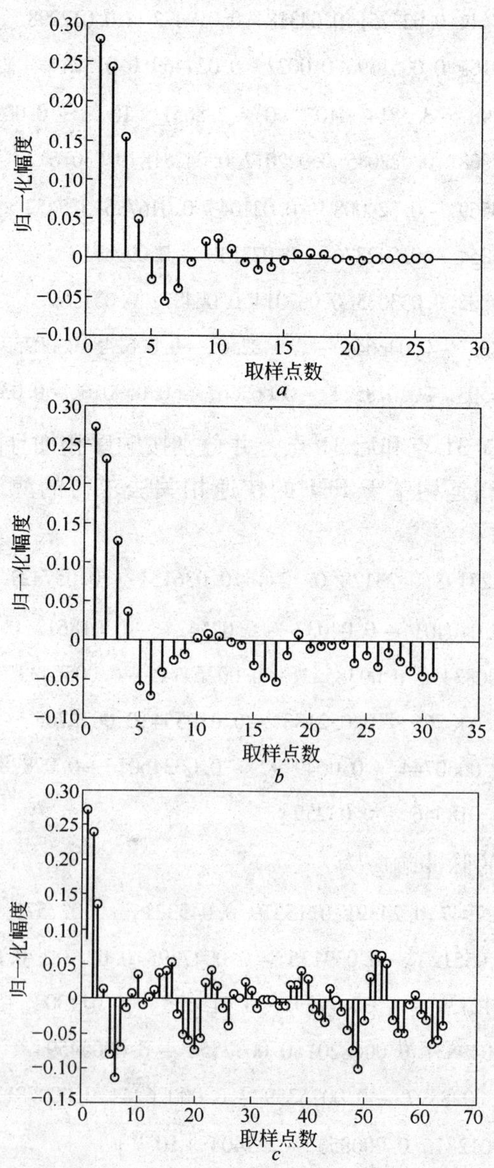

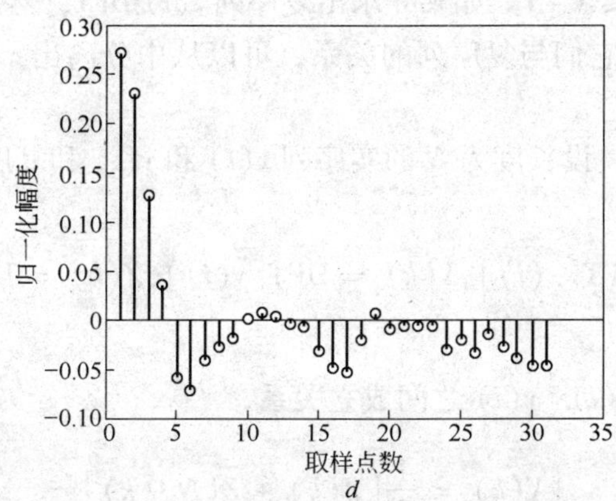

图 7-3　FMT 法与基于 FFT 的快速相关法求脉冲响应对比

a—滤波器真实的脉冲响应；*b*—运用 FMT 算法得到的脉冲响应；

c—扩展序列的输入输出互相关；*d*—基于 FFT 的相关法得到的脉冲响应

7-3*b* 与图 7-3*d*，以及 $h_{fmt}(i)$ 和 $h_{fft}(i)$ 可以看到基于 FFT 的快速相关法计算相关函数的结果和 FMT 法得到的互相关完全相同，基于 FFT 的快速相关算法具有和 FMT 算法相同的计算精度。

7.5　基于 FFT 的快速相关算法的改进

在计算两个等长实序列时，按照 FFT 算法的步骤，首先要把实序列变成虚部为零的复序列，然后再进行蝶形运算。这样就存在两个明显的问题，首先，虚部虽然为零但仍然占据了 N 个存储单元，浪费了存储空间；其次，虚部虽然为零，但计算机仍然要做涉及虚部的运算，因而浪费了计算时间。

7.5.1　改进原理

利用实序列的 DFT 的性质，可以将两个长度为 N 的实序列组成一个长度为 N 的复序列，例如定义

$$z(i) = x(i) + jy(i) \qquad j = \sqrt{-1} \tag{7-24}$$

式中，$0 \leqslant j \leqslant N-1$。如果先求出复序列 $z(i)$ DFT，然后利用实序列的性质和它们与复序列的关系，可以从中分离出 $x(i)$ 和 $y(i)$ 的 DFT。

定理 2　设长度为 N 的实序列 $x(i)$ 和 $y(i)$ 和复序列 $z(i)$ 的 DFT 对为

$$X(k) = \mathrm{DFT}[x(i)], Y(k) = \mathrm{DFT}[y(i)], Z(k) = \mathrm{DFT}[z(i)] \tag{7-25}$$

则 $z(i)$ 和 $x(i)$、$y(i)$ 之间成立关系

$$\begin{cases} X(k) = \dfrac{1}{2}[Z(k) + \overline{Z}(N-k)] \\ Y(k) = -\dfrac{j}{2}[Z(k) - \overline{Z}(N-k)] \\ \qquad k = 0,1,\cdots,N-1 \end{cases} \tag{7-26}$$

(证明略)。

根据这种方法，同时计算两个实序列的 DFT 和分别求两个实序列的 DFT 相比可以节约大约一半的计算量和存储量。

例如，求长度为 $N=8$ 的两个序列双实序列 $x(i) = [1\ -1\ 1\ 1\ -1\ -1\ 1\ 1]$，$y(i) = [1\ -1\ -1\ 1\ -1\ -1\ -1\ 1]$ 的 DFT。

直接用 FFT 计算它们的 8 点 DFT 分别为

$$X(k) = [2\ 2\ -2+4j\ 2\ 2\ 2\ -2-4j\ 2]$$
$$Y(k) = [-2\ 2\ 2+4j\ 2\ -2\ 2\ 2-4j\ 2]$$

根据用双实序列的特点求其 DFT 值。

首先，将此两序列分别作为实部和虚部构成复数序列 $z(i) = x(i) + jy(i)$；

然后，用 8 点 FFT 求得该复数序列 $z(i)$ 的 DFT 为 $Z(k) = [2-2j\ 2+2j\ -6+6j\ 2+2j\ 2-2j\ 2+2j\ 2-2j\ 2+2j]$；根据定理，$X(k)$ 和 $Y(k)$ 的第一项分别是复数序列 $Z(k)$ 的首项的实部和虚部，即 $X(0) = \mathrm{real}(Z(0)) = 2$；$Y(0) = \mathrm{imag}(Z(0)) = -2$；

第三，求得 $Z(N-k)$ 除去首项以后的共轭序列 $\overline{Z}(N-k)=[2-2j\ 2+2j\ 2-2j\ 2+2j\ 2-2j\ -6-6j\ 2-2j]$；

最后，利用式（7-26）计算 $X(k)$ 和 $Y(k)$ 其他各项，得到了与直接运用计算 DFT 完全相同的序列，即 $X(k)=[22\ -2+4j2 22\ -2\ -4j2]$，$Y(k)=[-222+4j2\ -222\ -4j2]$。

7.5.2　算法流程

根据以上内容所述，为了减小运算量，快速精确地计算长度为 2^n-1 的 $x(i)$ 和 $y(i)$ 两实序列间的互相关值，可以先将两个实序列分别作为复数序列的实部和虚部，然后再运用基于 FFT 的快速相关算法计算其相关值。也就是说，在运用基于 FFT 的快速相关算法之前，先对两实序列进行复序列组合，这样一个看似简单的改进在序列长度很大时，节约的计算量也是可观的。具体的计算量将在 7.5.3 节讨论。这种改进后的快速相关算法，把它称为“基于 FFT 的快速相关改进算法”，它的实现过程如图 7-4 所示。

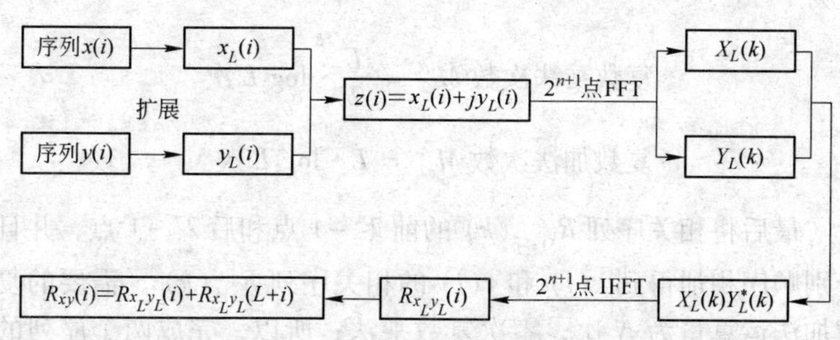

图 7-4　基于 FFT 的快速相关改进算法流程

7.6　基于 FFT 的快速相关改进算法的运算量

7.6.1　三种算法的运算量

基于 FFT 的快速算法具有和 FFT 算法同样的变换精度，以

基 - 2FFT 为例来计算两个长度为 $N = 2^n - 1$ 的序列间的互相关的运算量，分为两种情况。

7.6.1.1　运用基于 FFT 的快速互相关算法运算量

本算法分 3 个步骤完成，在第一步求扩展序列的 DFT 中，需要对扩展后的序列长度为 $L = 2^{n+1}$ 的 $x_L(i)$ 和 $y_L(i)$ 作 2^{n+1} 点的 FFT 变换，则需要的运算工作量为

$$\text{复数乘法次数 } M_{c1} = 2 \cdot \frac{L}{2} \cdot \log_2 L \text{ 次}$$

$$\text{复数加法次数 } M_{a1} = 2 \cdot L \cdot \log_2 L \text{ 次}$$

第二步要进行 $X_L(k)$ 和 $Y_L^*(k)$ 的相乘，需要 L 次复数乘法，零次复数加法运算；

第三步用 2^{n+1} 点的 IFFT 对乘积 $X_L(k)Y_L^*(k)$ 进行反傅里叶变换，得到 $X_L(k)$ 和 $Y_L(k)$ 的相关序列 $R_{x_L,y_L}(k)$，需要的运算量为

$$\text{复数乘法次数 } M_{c2} = \frac{L}{2} \cdot \log_2 L \text{ 次}$$

$$\text{复数加法次数 } M_{a2} = L \cdot \log_2 L \text{ 次}$$

最后将相关序列 $R_{x_L,y_L}(k)$ 的前 $2^n - 1$ 点和后 $2^n - 1$ 点，并且分别顺序相加得到 $x(i)$ 和 $y(i)$ 的相关序列 $R_{x,y}(k)$，需要的复数加法运算量为 N 次，零次复数乘法；所以，完成两个序列的互相关快速运算的总运算量为

$$\text{复数乘法次数 } M_c = M_{c1} + L + M_{c2} = \frac{3}{2} L\log_2 L + L(\text{次})$$

$$\text{复数加法次数 } M_a = M_{a1} + M_{a2} + N = 3L\log_2 L + N(\text{次})$$

与此相对比，如果直接计算 DFT 和 IDFT，则所需的计算量共为

复数乘法次数 $M'_c = 2L^2 + L + L^2 = 3L^2 + L$(次)

复数加法次数 $M'_a = 3L(L+1) + N \approx 3L^2 + N$

7.6.1.2 基于 FFT 的快速相关改进算法运算量

根据双实序列快速互相关计算流程，其运算量为：

第一步：对 $x(i)$ 和 $y(i)$ 补零扩展后变为长度为 $L = 2^{n+1}$ 的 $x_L(i)$ 和 $y_L(i)$，构建复数序列 $z(i) = x(i) + jy(i)$，并对其作 2^{n+1} 点的复数 FFT 变换，则需要的运算工作量为

复数乘法次数 $M_{c1} = \frac{L}{2}\log_2 L$(次)

复数加法次数 $M_{a1} = L\log_2 L + 1 \approx L\log_2 L$(次)

第二步：由 $Z(k)$ 计算 $X(k)$ 和 $Y(k)$，需要 L 次复数乘法，$2L$ 次复数加法运算；

第三步：$X_L(k)$ 和 $Y_L^*(k)$ 相乘，并且对其进行 2^{n+1} 点的 IFFT，得到 $X_L(k)$ 和 $Y_L(k)$ 的相关序列 $R_{x_L y_L}(k)$，需要的运算量为

复数乘法次数 $M_{c2} = \frac{L}{2}\log_2 L + L$(次)

复数加法次数 0 次

最后将相关序列 $R_{x_L,y_L}(k)$ 的前 $2^n - 1$ 点和后 $2^n - 1$ 点，并且分别顺序相加得到 $x(i)$ 和 $y(i)$ 的相关序列 $R_{x,y}(k)$，需要的复数加法运算量为 N 次，复数乘法零次；所以完成两个实数序列的互相关快速运算的总运算量为

$$\begin{aligned}\text{复数乘法次数 } M_c &= M_{c1} + L + M_{c2}\\ &= L\log_2 L + 2L(\text{次})\end{aligned}$$

$$\begin{aligned}\text{复数加法次数 } M_a &= M_{a1} + 2L + 0 + N\\ &= L\log_2 L + 2L + N(\text{次})\end{aligned}$$

表 7-1 是 DFT 算法与基于 FFT 互相关算法及其改进算法的复数乘法运算量比较，图 7-5 是它们的复数乘法工作量比较图。如无特别说明，运算量均指复数乘法运算量。

表7-1 DFT算法与基于FFT互相关算法及其改进算法的运算量比较

幂次 n	周期 N (2^n-1)	周期 L (2^{n+1})	直接DFT /次	快速相关 /次	改善 比值1	快速相关 改良/次	改善 比值2
3	7	16	784	112	8	96	8.1667
4	15	32	3104	272	12.8	224	13.857
5	31	64	12352	640	21.333	512	24.125
6	63	128	49280	1472	36.571	1152	42.778
7	127	256	1.9686×10^5	3328	64	2560	76.9
8	255	512	7.8694×10^5	7424	113.78	5632	139.73
9	511	1024	3.1468×10^6	16384	204.8	12288	256.08
10	1023	2048	1.2585×10^7	35840	372.36	26624	472.69
11	2047	4096	5.0336×10^7	77824	682.67	57344	877.79
12	4095	8192	2.0133×10^8	1.6794×10^5	1260.3	1.2288×10^5	1638.5
13	8191	16384	8.0532×10^8	3.6045×10^5	2340.6	2.6214×10^5	3072.1
14	16383	32768	3.2213×10^9	7.7005×10^5	4369.1	5.5706×10^5	5782.6
15	32767	65536	1.2885×10^{10}	1.6384×10^6	8192	1.1796×10^6	10923
16	65535	131072	5.154×10^{10}	3.4734×10^6	15420	2.4904×10^6	20696
17	131071	262144	2.0616×10^{11}	7.34×10^6	29127	5.2429×10^6	39322
18	262143	524288	8.2463×10^{11}	1.5466×10^7	55188	1.101×10^7	74898
19	524287	1048576	3.2985×10^{12}	3.2506×10^7	1.0486×10^5	2.3069×10^7	1.4299×10^5
20	1048575	2097152	1.3194×10^{13}	6.8157×10^7	1.9973×10^5	4.8234×10^7	2.7354×10^5
21	2097151	4194304	2.1111×10^{14}	1.4261×10^8	3.813×10^5	1.0066×10^8	5.2429×10^5

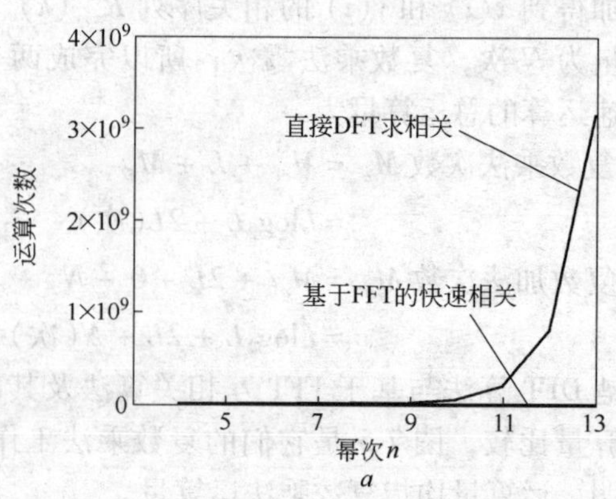

a

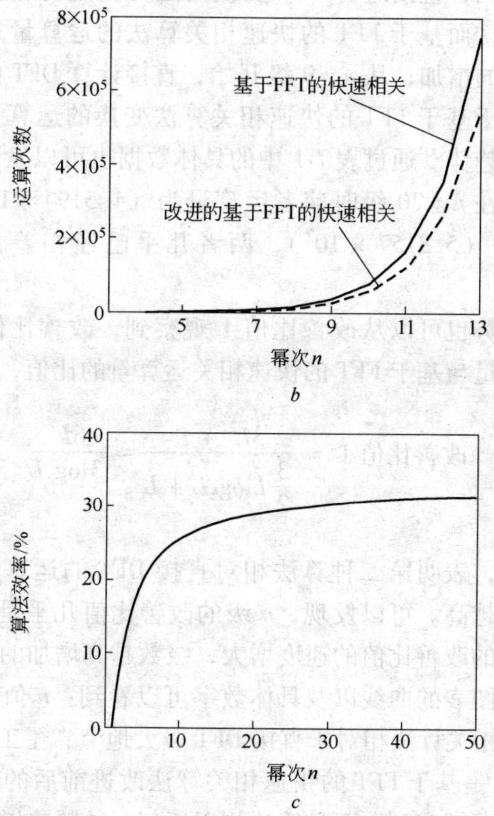

图 7-5 算法运算量比较

a—运用 DFT 与 FFT 快速相关算法运算量对比；

b—FFT 快速相关算法与其改进算法的运算量对比；

c—FFT 快速相关算法改进后的算法效率

7.6.2 运算量对比分析

图 7-5*a* 是 *n* 级长度为（2^n-1）的两序列直接进行 DFT 变换与运用基于 FFT 的快速相关算法分别求其 DFT 时的乘法运算量，为了观察方便，图 7-5*a* 是 3 ~ 13 级序列长度的运算量对比。从

图中可以看到，直接进行 DFT 变换的运算量是与长度的平方成比例的增加，而基于 FFT 的快速相关算法的运算量是呈对数形式相对缓慢的增加；从 $n=9$ 级开始，直接计算 DFT 的乘法运算量显著地高于基于 FFT 的快速相关算法变换的运算量，而且成快速增大的趋势。通过表 7-1 中的具体数据也可以发现相同的规律，例如，在 $n=20$ 级时前者运算量为（1.3194×10^{13}），后者的运算量为（5.8157×10^{7}），两者几乎已经相差 10^6 数量级之多。

这种趋势也可以从改善比值 1 观察到，改善比值 1 是直接 DFT 的运算量与基于 FFT 的快速相关运算量的比值，即

$$\text{改善比值 1} = \frac{3L^2+L}{\frac{3}{2}L\log_2 L+L} \approx \frac{6L^2}{3\log_2 L}$$

该比值越大，表明第二种算法相对直接 DFT 的运算量越少，该算法的效率越高。可以发现，n 级的改善比值几乎是以接近于 2 倍$n-1$级时的改善比值的速度增大，级数越高增加的幅度越大。

从这些图表的曲线以及具体数字可以看到：n 值较大时基于 FFT 的快速相关算法相对于直接 DFT 极大地节省了工作量。

图 7-5b 是基于 FFT 的快速相关算法改进前后的运算量比较图。从图中可观察到，两种算法均以近似对数趋势增加，随着级数 n 的增大，算法改进前后的运算量的差距也逐渐增大，即相对运算次数逐渐呈增加趋势。例如，在表 7-1 中，$n=9$ 时改进前后算法的运算量分别为 16384 次和 12288 次，它们相差 4096 次；$n=13$ 时运算量分别为 3.6045×10^5次和 2.6214×10^5次，它们相差 98310 次，达 10^5 数量级之多。也就是说，n 越大时，基于 FFT 的双实快速相关算法与改进前相比，其优势越明显，计算量越小。

改善比值 2 是直接计算 DFT 的运算量与基于 FFT 的快速相关改进算法运算量的比值，即

$$改善比值2 = \frac{3L^2 + L}{L\log_2 L + 2L} = \frac{3L + 1}{\log_2 L + 2} \approx \frac{3L}{\log_2 L}$$

从表 7-1 可以看到，改善比值 2 也是随着级数 n 的增大而增大，其增大的幅度大于改善比值 1 的。

设 η 是算法改进的效率，等于算法改进前后的运算量之差与改进前运算量的比值，即

$$\eta = \frac{\left(\frac{3}{2}\cdot L\log_2 L + L\right) - (L\log_2 L + 2L)}{\frac{3}{2}\cdot L\log_2 L + L} = \frac{\frac{1}{2}\log_2 L - 1}{\frac{3}{2}\log_2 L + 1}$$

因为 $L = 2^n + 1$，所以

$$\eta = \frac{\frac{1}{2}(n+1) - 1}{\frac{3}{2}(n+1) + 1} = \frac{n-1}{3n+5}$$

图 7-5c 是算法改进后的效率曲线，图中纵坐标为百分比值。从图中可以看到，效率随着级数 n 的增大，呈曲线形式增加，当 $n = 10$时，效率达到了 25.714%，当 n 大于 20 级以后，效率则都超过了 30%。

总之，通过理论计算等分析，得到基于 FFT 的快速相关算法较之直接计算 DFT 运算量显著地减少；在基于 FFT 的快速相关算法的基础上做了一定改进后的快速相关算法，在原有基础上更进一步减少了运算以及存储量，极大地提高了算法的运算效率。由于实际中使用的随机序列的级数都在 10 级以上，所以，实际中的算法效率都会提高 25% 以上。

基于 FFT 的快速相关算法的引入及其改进算法，为今后伪随机序列，特别是 m 序列的合成序列在声学测量中的应用奠定了基础。当然在其他领域，如果序列长度不满足 2 的整数次幂，也可以应用该算法或者算法的思想。

8 声场脉冲响应的多通道测量

8.1 引言

室内声学系统很多情况下具有多个信号源和多个接收器，比如，音乐厅的多个扬声器或者同时演奏的器乐等都构成多输入多输出系统，这些多输入输出系统的单位脉冲响应值有时需要同步测量。另外在音乐厅、剧院等的房间单位脉冲响应测量中，为了减小测量时间段内环境的变化因素引起的测量误差，可以多点同步进行测量。利用多点同步测量一方面可以减少相应的测量时间，另一方面又可以减小不同时间段测量的误差。

多点同步测量要求相邻通道之间的干扰越小越好。也就是说，用于测量的信号必须是正交或准正交的。为了实现测量，所用的准正交信号必须具有如下特性：（1）自相关函数具有较窄峰值；（2）侧峰的最大绝对值趋于零；（3）任意两对序列之间的互相关函数值趋于零；（4）在满足以上条件的同时，序列的长度越短越好。前两个条件是保证信号具有很好的空间性能。第 3 个要求使得不同通道之间的干扰最小。多通道的测量必须找到满足以上要求的伪随机信号。

在现有的伪随机序列中，m 序列是一种公认的系统性、规律性很强的平衡码序列。它的归一化自相关函数除了 $R(0)=1$ 外，其余侧峰值均为 $-1/T$，是一种自相关特性非常好的序列。然而对于由不同本原多项式决定的 m 序列，其互相关函数却不见得一样优良。

理论证实，n 级 m 序列的移位等价类的个数即为 n 次本原多项式的个数，共有 $\phi(2^n-1)/n$ 个(其中 $\phi(k)$ 是欧拉函数)，且不同本原多项式决定的 m 序列不能平移等价。由这 $\phi(2^n-1)/n$ 个本原多项式生成的 m 序列中，优选的 m 序列间互相关函数是理想的三值互相关函数，这种理想的三值互相关函数比所有 m 序列间的互相关函数最大值要小很多。

若定义一个集合，集合内每一对 m 序列间的互相关函数均为理想的三值互相关函数，这样的集合称为联通集。等长 m 序列联通集中平移不等价的 m 序列最大个数记为 M_n。一般地，具有理想三值互相关函数的 m 序列的互相关特性较好，但是有这种性能的序列数 M_n 很少，最大可能的 M_n 值见表 8-1。以 9 级 m 序列为例，不同本原多项式下的个数是 48 个，而联通集中 M_n 却仅为 2 个。

表 8-1 最大可能的 M_n 值

m 序列的级数 n	5	6	7	8	9	10	11	12	13	14	15	16
m 序列的个数	6	6	18	16	48	60	176	144	630	756	1800	2048
联通集数 M_n	3	2	6	2	2	3	4	0	4	3	2	0

所以，对于 m 序列来说，虽然优选 m 序列的相关特性可以满足多点同步测量的要求，但是，鉴于联通集中序列个数很少，不能提供足够的优选序列作为激励，在多点同步的脉冲响应测量中受到了制约。

然而由于 m 序列良好的伪随机特性,它却充当了许多其他优良序列的生成基础,如 Gold 序列就是在 m 序列的基础上生成的。

Gold 序列具有和 m 序列相似的自相关和互相关特性，它的自相关函数的峰值远大于侧峰值，具有类冲激的特性，而同一集中两两序列之间的互相关函数值较小。它的突出优点是具有比 m 序列多得多的独立的序列集，基于这一事实探讨用 Gold 序列作为激励测量多输入多输出系统单位脉冲响应的可行性。

8.2 运用互逆 m 序列测量双输入双输出系统的脉冲响应

8.2.1 互逆特征 m 序列

8.2.1.1 特征 m 序列

同一本原多项式 $f(x)$ 时,初始状态不同,会产生不同的 m 序列。

例如，设 $n=3$ 级周期为 $T=7$，其本原多项式 $f(x)=1+x+x^3$，寄存器初始状态设为 $a_{-1}=a_{-3}=1$，$a_{-2}=0$，如图 8-1 所示。那么该寄存器就可以产生一个 m 序列 $\{a_i\}=\{0\ 0\ 1\ 1\ 1\ 0\ 1\}$，$0\leqslant i<6$。采用相同的本原多项式，若将寄存器的初始状态设为 $a_{-1}=a_{-2}=0$，$a_{-3}=1$，就可以得到另一 m 序列 $\{d_i\}=\{1\ 1\ 1\ 0\ 1\ 0\ 0\}$。

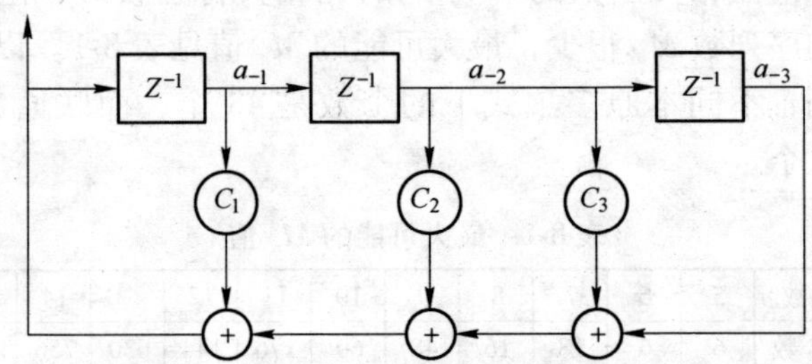

图 8-1　产生 3 级 m 序列的移位寄存器

观察得到的 m 序列 $\{d_i\}$ 的下标，发现它具有如下性质

$$d_i = d_{2i} \tag{8-1}$$

式中下标索引 $2i$ 是要进行模除 T 的。把满足这种下标特征的 m 序列称为特征 m 序列（Characteristic m-sequence）。

同一本原多项式 $f(x)$

$$f(x) = \sum_{j=0}^{n} c_j x^j, c_j \in \{0,1\} \tag{8-2}$$

下，只要恰当地设置移位寄存器的初始状态，就可以产生这种“特征” m 序列。如果从左向右设置寄存器的初始状态为

$$\begin{cases} a_0 = n(\bmod 2) \\ a_i = [c_i(i+n) + \sum_{s=1}^{i} c_s a_{i-s}] \bmod 2 \end{cases} \tag{8-3}$$

则可以通过递推关系式

$$a_i = [\sum_{k=1}^{n} c_k a_{i-k}] \bmod 2 \tag{8-4}$$

而得到一列特征 m 序列。

8.2.1.2 互逆 m 序列

若 $\{a_i\}$ 为由 $f(x)$ 产生的周期为 $T=2^n-1$ 的 m 序列，对 $\{a_i\}$ 进行次序反转运算，很容易得到具有相同级的另一个序列 $\{b_i\}$，满足

$$b_i = a_{-i} \tag{8-5}$$

序列 $\{b_i\}$ 可由一本原多项式 $r(x)$ 产生，它是由原 $\{a_i\}$ 的本原多项式 $f(x)$ 进行简单的反转后得到的，即

$$r(x) = x^n f(x^{-1}) \tag{8-6}$$

于是就将 $r(x)$ 称为 $f(x)$ 的互逆多项式。相应地，由本原多项式 $r(x)$ 产生的序列 $\{b_i\}$ 称为序列 $\{a_i\}$ 的互逆 m 序列。

一对互逆多项式总是各自与一对互逆序列紧密相关。

8.2.1.3 互逆特征 m 序列

若对特征 m 序列 $\{a_i\}$ 进行次序翻转运算,可得到另一个特征 m 序列 $\{b_i\}$。这种既满足式(8-5)的下标特征,相互间又同时符合式(8-6)次序反转特征的两个 m 序列称为互逆特征 m 序列。

例如：特征 m 序列 $\{a_i\}=\{1110100\}$，其本原多项式为 $f(x)=1+x+x^3$，经过次序反转后，就得到与其对应的互逆 m 序列 $\{b_i\}=\{1001011\}$，它显然满足式（8-6)，则产生 $\{b_i\}$ 的本原多项式为

$$r(x) = x^n f(x^{-1}) = x^3(1+x^{-1}+x^{-3}) = 1+x^2+x^3 \tag{8-7}$$

这两个 m 序列称为互逆特征 m 序列。

互逆特征 m 序列具有和 m 序列相同的类冲激的自相关函数，它们的互相关函数也较小，其归一化峰值上限为

$$l(n) = \frac{2^{\lfloor n+2 \rfloor/2}-1}{2^n-1} \tag{8-8}$$

而且随着级 n 的增大,互相关函数的值随之变小而具有趋于 0 的特性。互逆特征 m 序列的互相关函数值不只局限于三值,它是多值的。

图 8-2 为互逆 m 序列对相关特性曲线，从图中可以看出，随着级数增大，互相关函数值逐渐减小。

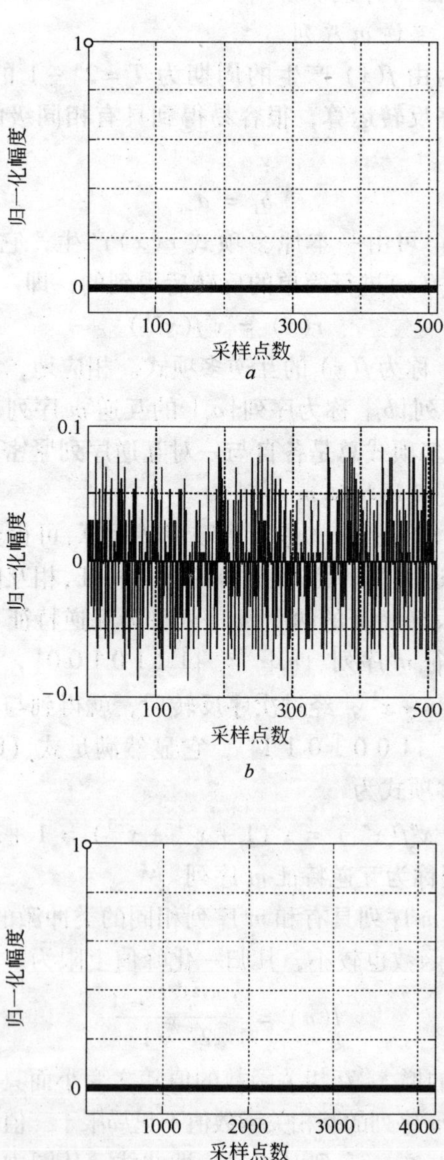

1
0
归一化幅度
100
300
500
采样点数
a
0.1
0
−0.1
归一化幅度
100
300
500
采样点数
b
1
0
归一化幅度
1000
2000
3000
4000
采样点数
c

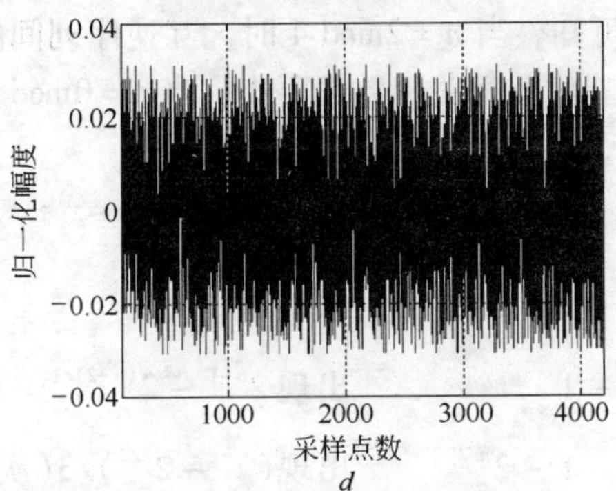

图 8-2 互逆 m 序列对相关特性

a—9 级 m 序列的自相关函数；b—9 级互逆 m 序列对的互相关函数；
c—12 级 m 序列的自相关函数；d—12 级互逆 m 序列对的互相关函数

经过分析及计算，表 8-2 列出了 m 序列优选对及其互逆 m 序列对互相关函数上限。

表 8-2 m 序列优选对及互逆 m 序列对的互相关函数边界值

级数 n	周期长度	优选 m 序列对	互逆 m 序列对（理论值）	互逆 m 序列对（测量值）
8	255	0.1216	0.1216	0.1216
9	511	0.0646	0.0866	0.0841
10	1023	0.0635	0.0616	0.061
11	2047	0.0317	0.0437	0.043
12	4095	0.0310	0.0310	0.0308
13	8191	1.57E-2	2.20E-2	2.22E-2
14	16383	1.57E-2	1.56E-2	1.55E-2
15	32767	7.84E-3	1.012E-2	1.013E-2
16	65535	7.83E-3	7.80E-3	7.78E-3
17	131071	3.91E-3	5.52E-3	5.517E-3
18	262143	3.91E-3	3.903E-3	3.90E-3
19	524287	1.95E-3	2.76E-3	2.76E-3
20	1048575	1.95E-3	1.95E-3	1.95E-3
21	2097151	9.77E-4	1.381E-3	1.38E-3
22	4194303	9.77E-4	9.763E-4	9.76E-4
23	8388607	4.88E-4	6.904E-4	6.90E-4

由表 8-2 可知，当 $n=2\bmod 4$ 时，互逆序列间的互相关函数最大值比优选三值互相关函数的要小；当 $n=0\bmod 4$ 时，它的最大值是四值的，即为

$$|R_{a,b}(k)|=\begin{cases}-1+2^{(n+2)/2} & 出现(2^{n-1}-2^{(n-2)/2})/3(次)\\ -1+2^{n/2} & 出现 2^{n/2} 次\\ -1 & 出现 2^{n-1}-2^{(n-2)/2}-1(次)\\ -1-2^{n/2} & 出现(2^{n}-2^{n/2})/3(次)\end{cases} \tag{8-9}$$

当 n 是奇数时，它的性能欠好，即比优选 m 序列的三值互相关函数最大值要大一些。

8.2.2 测量双输入双输出系统脉冲响应原理

两个独立的声源输入端和独立的接收端可以构成一个双输入双输出系统，如图 8-3 所示。这种模型是现实中很多系统的概括，例如在声学测量中，为测出封闭室内的声波传输特性，采用两个激励源（如音箱），两个接收端（耳朵）。因此可形象地称该模型为双耳缩尺模型。

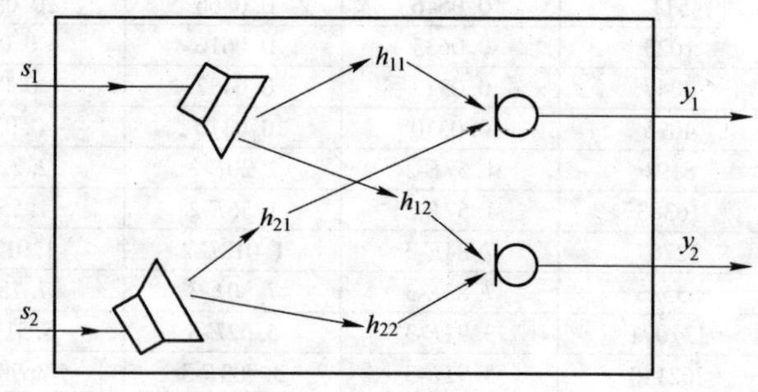

图 8-3 双输入双输出系统

假设在测量时间内待测系统是线性时不变的。则在图 8-3 中，若将一对互逆 m 序列 $s_1(t)$ 和 $s_2(t)$ 分别输入到两个扬声器

中，在不同位置的两个麦克风分别接收到信号，h_{11}、h_{12}、h_{21}、h_{22}分别是两路输入到两路输出间相应的单位脉冲响应。根据多输入系统理论，第 j 路（$j=1$，2）的接收信号可以表示为

$$y_j(t) = \sum_{i=1}^{2} s_i(t) * h_{ij}(t) \tag{8-10}$$

式中，$*$ 表示线性卷积，n 表示信源的个数。则第 i 个信号源与第 j 个接收信号的互相关函数为

$$s_i(t) \otimes y_j(t) = \sum_{k=1}^{2} [s_i(t) \otimes s_k(t)] * h_{kj}(t) \tag{8-11}$$

式中，$\otimes$是线性相关算子，如果 $R_{ik}(t)$ 表示第 i 个信源与第 k 个信源信号之间的互相关函数，而且 $R_{ik}(t)$ 满足如下关系

$$R_{ik}(t) = s_i(t) \otimes s_k(t) = \begin{cases} \delta(t) & i = k \\ 0 & i \neq k \end{cases} \tag{8-12}$$

则把式（8-12）代入式（8-11）可得到

$$h_{ij}(t) = s_i(t) \otimes y_j(t) \tag{8-13}$$

例如，$i=1$，$j=2$ 时，$h_{12}(t) = s_1(t) \otimes y_2(t)$。

同理,由于式(8-13)的计算量偏大,需要寻找合适的快速算法以减小运算量。观察发现,根据互逆特征 m 序列的特点,如果将 FMT 变换做适当的调整,双通道的测量也可以进行快速运算。

根据互逆特征 m 序列对的对偶关系，与该序列所对应的 FMT 排列矩阵 $\boldsymbol{P}_{r1}$和重排矩阵 $\boldsymbol{P}_{r2}$的下标索引也分别与 $\boldsymbol{P}_1$、$\boldsymbol{P}_2$ 互为对偶，即

$$\boldsymbol{P}_{r1} = (\tilde{\boldsymbol{P}}_1)_{\text{index}}$$

$$\boldsymbol{P}_{r2} = (\tilde{\boldsymbol{P}}_2)_{\text{index}} \tag{8-14}$$

式（8-14）表明：如果用与原 m 序列互逆的 m 序列去激励相同的系统，对所产生的响应进行快速 m 序列变换，该 FMT 所需要的排列矩阵 $\boldsymbol{P}_{r1}$和重排矩阵 $\boldsymbol{P}_{r2}$不必再重新求。可根据索引下标形式互推，即

对原 m 序列的排列矩阵 $\boldsymbol{P}_1$ 取对偶索引⇒互逆 m 序列的排列矩阵 $\boldsymbol{P}_{r1}$

对互逆 m 序列的排列矩阵 $\boldsymbol{P}_{r1}$ 取反序⇒互逆 m 序列的重排矩阵 $\boldsymbol{P}_{r2}$

所以，$\boldsymbol{P}_1$ 和 $\boldsymbol{P}_{r2}$，$\boldsymbol{P}_2$ 和 $\boldsymbol{P}_{r1}$ 具有相同的索引形式。

8.2.3　排列矩阵的下标索引搜索

分析式（8-14）可以看出，运用互逆 m 序列测量双输入输出系统的脉冲响应与单输入信源脉冲响应的测量相似，实现 FMT 关键在于式（4-15）所示的 E_1 和 E_2 下标索引向量的求取。该向量长度为 2^n-1，但却可根据 n 个基下标衍生得到。

在 Galois 域 GF(2^n)里包含了 2^n 个元素，当 $n=1$ 时，GF$(2)=\{0,1\}$，即此时是二元域。根据 Galois 域的特性，在 GF(2^n)里的每个元素都可用某一本原元 $\boldsymbol{\nu}$ 的乘方表示

$$\boldsymbol{\nu}^1,\boldsymbol{\nu}^2,\cdots,\boldsymbol{\nu}^{2^n-1}$$

定义迹运算为

$$\mathrm{tr}(\alpha)=\sum_{k=0}^{N-1}\alpha^{2k} \tag{8-15}$$

于是 m 序列 $\{a_i\}$ 可以由迹运算求出，即

$$a_i=\mathrm{tr}(\boldsymbol{\nu}^i)=\sum_{k=0}^{n-1}\boldsymbol{\nu}^{2ik}\qquad 0\leqslant i\leqslant 2^n-1 \tag{8-16}$$

由于 $a_i\in\{0,1\}=\mathrm{GF}(2)$，则求迹的过程也就是从 GF$(2^n)$域映射到 GF(2)域的过程。类似于一般完备正交域，在 GF(2^n)域中，存在迹正交基 $\Omega=\{\omega_0,\omega_1,\cdots,\omega_{n-1}\}$，满足

$$\mathrm{tr}(\omega_i)=1\qquad \omega\in\Omega \tag{8-17}$$

$$\mathrm{tr}(\omega_i\omega_j)=0\qquad \omega_i,\omega_j\in\Omega,i\neq j \tag{8-18}$$

这时，GF(2^n)域元素可以用 Ω 的元素线性表示为

$$\boldsymbol{\nu}^i=\sum_{k=0}^{n-1}\mathrm{e}_{ik}\omega_k\qquad 0\leqslant i\leqslant 2^n-1 \tag{8-19}$$

根据正交基的性质，e_{ik} 表示为

$$e_{ik} = \mathrm{tr}(\nu^i \omega) \in \mathrm{GF}(2) \tag{8-20}$$

假设 $\mathrm{GF}(2^n)$ 域的正交基 $\Omega = \{\omega_0, \omega_1, \cdots, \omega_{n-1}\}$ 与 $\{a_i\}$ 的 n 个序号 $\lambda_0, \cdots, \lambda_{n-1}$ 对应，且 ω_i 用本原元表示为 $\omega_i = \nu^k$，则由式（8-17）、式（8-18）可得

$$\begin{cases} a_{\lambda_i} = \mathrm{tr}(\nu^{\lambda_i}) = 1 \\ a_{\lambda_i+\lambda_j} = \mathrm{tr}(\nu^{\lambda_i}\nu^{\lambda_j}) = 0 \end{cases} \tag{8-21}$$

式（8-21）表明：找到满足该式条件的 n 个序号值 $\{\lambda_i\}$，进而可以得出因式分解矩阵 E_i 的元素

$$e_{ik} = \mathrm{tr}(\nu^i \omega) = \mathrm{tr}(\nu^i \nu^{\lambda_k}) = \mathrm{tr}(\nu^{i+\lambda_k}) = a_{i+\lambda_k} \tag{8-22}$$

通过把 E_i 的每一行的二进制表示转化为整数形式，就可以得到排列矩阵 $\boldsymbol{P}_1$ 的索引形式

$$\boldsymbol{p}_1(i) = \sum_{k=0}^{n-1} 2^i a_{\lambda_j+i} \quad i = 0, \cdots, T-1 \tag{8-23}$$

不同本原多项式下 n 级 m 序列的基索引下标值 $\{\lambda_i\}$ 见表 8-3。

表 8-3 不同基索引下标

级数 n	$f(x)$	$\{\lambda_k\}$
3	x^3+x+1	1,2,4
4	x^4+x+1	1,4,6,9
5	x^5+x^2+1	5,7,10,22,25
6	x^6+x+1	1,6,8,29,43,48
7	x^7+x^3+1	6,14,17,27,97,104,105
8	$x^8+x^4+x^3+x^2+1$	3,5,11,44,46,61,177,225
9	x^9+x^4+1	13,17,27,36,158,177,246,357,391
10	$x^{10}+x^3+1$	9,13,9,50,119,244,455,496,795,932
11	$x^{11}+x^2+1$	15,17,26,104,106,138,147,240,650,661,875
12	$x^{12}+x^6+x^4+x^2+1$	6,12,15,59,96,120,1241,1311,1956,2486,3439,3748

8.2.4 算法流程

计算双输入输出系统的脉冲响应的算法流程如图 8-4 所示。从图中可以看出，若用互逆 m 序列对去激励一双端口系统，对两个输出信号序列 y_1、y_2 分别进行 FMT，则采用一个索引形式可以构造出 4 个排列矩阵，计算复杂度会大幅度降低。

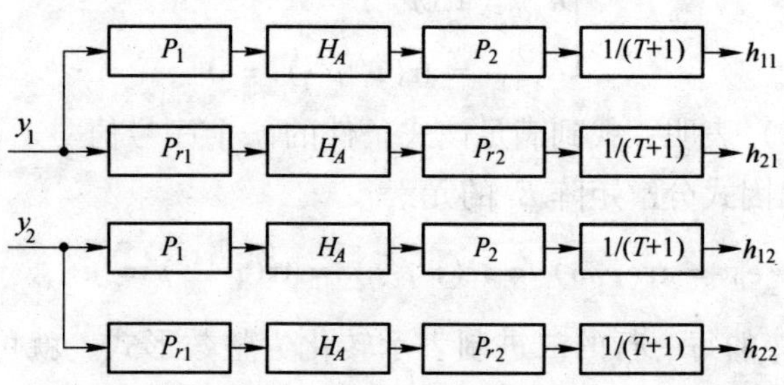

图 8-4 测量双输入双输出系统脉冲响应的算法流程

8.2.5 仿真实验

8.2.5.1 构造全相位滤波器的系统

双端口全相位滤波器结构如图 8-5 所示。

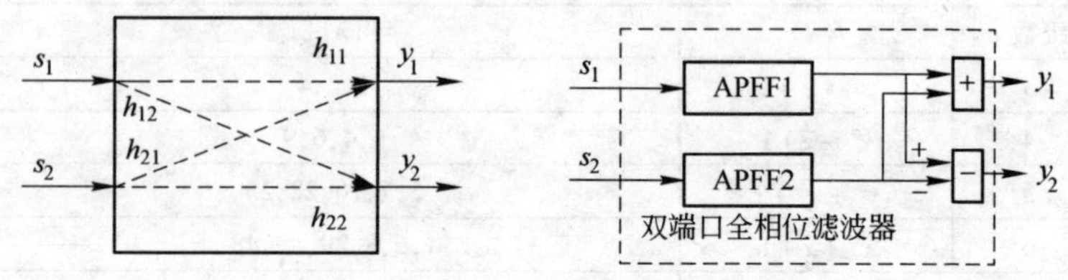

图 8-5 双端口全相位滤波器

为了验证 FMT 的正确性，实验分别采用了 8 级到 12 级的互逆特征 m 序列测试一双端口 64 级全相位 FIR 滤波器（All Phase Fourier Filter，简称 APFF），令全相位滤波器 1（图示为 APFF1）

具有低通性质，而 APFF2 具有高通性质，对两个滤波器的输出进行取和和取差就形成了系统的输出。

8.2.5.2 用单位取样脉冲并迭加高斯白噪声激励双端口系统

单位取样脉冲法测量系统在输出端接收得到的脉冲响应波形如图 8-6 所示。

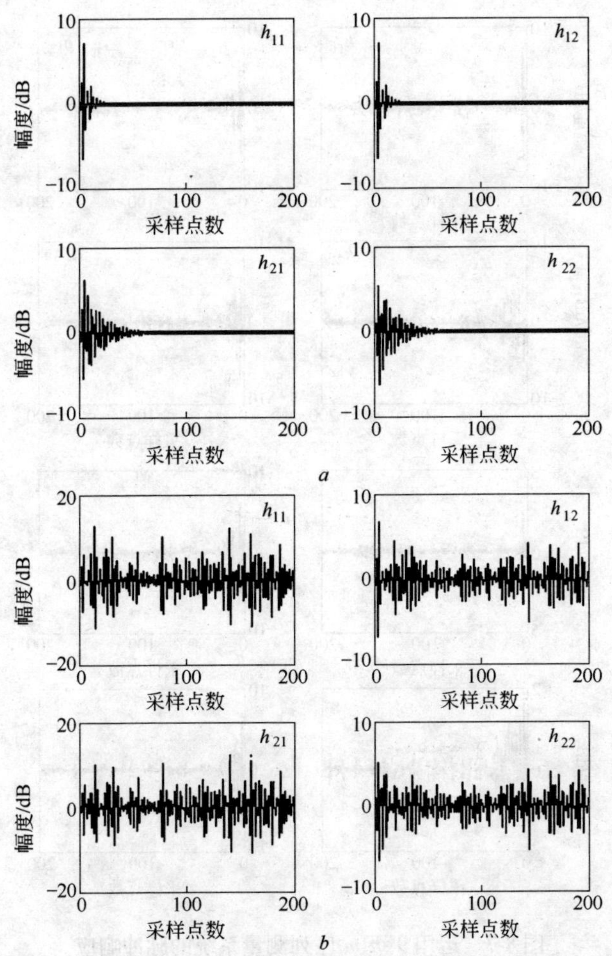

图 8-6 单位取样脉冲法测量系统的脉冲响应

a—真实的脉冲响应；*b*—噪声干扰时测量的脉冲响应

从传统方法的实验曲线可以看出，用单位取样脉冲加噪后，完全看不到一丝真实响应波形，要加以改善只有极大幅度地增大取样脉冲的功率才行。

8.2.5.3 用 m 序列法加噪和不加噪时测得的脉冲响应

图 8-7 所示为运用 9 级 m 序列作为测试信号时，在无噪声和

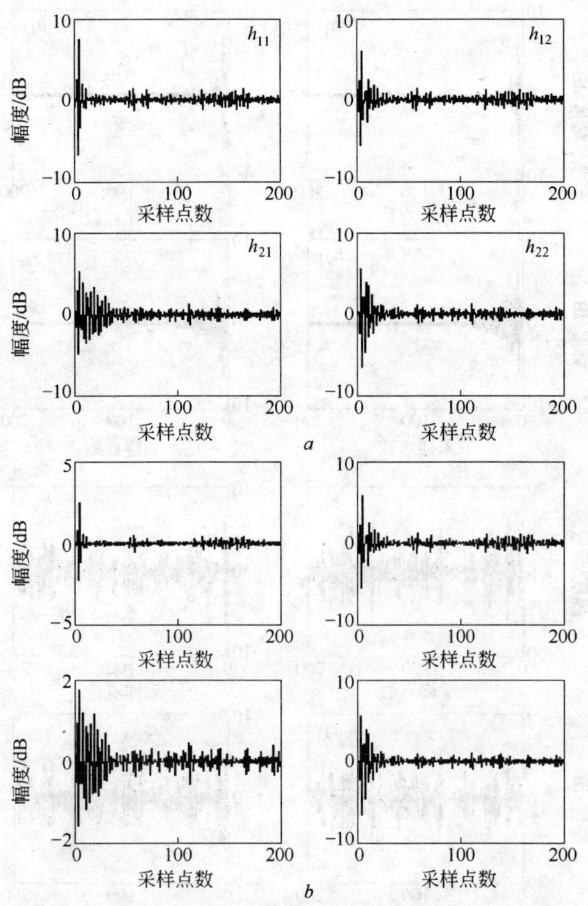

图 8-7 运用 9 级 m 序列测量系统的脉冲响应

a—无噪声时 m 序列法测量的脉冲响应；

b—噪声干扰时 m 序列法测量的脉冲响应

有噪声干扰时，系统脉冲响应的测量值；为了对比，图 8-8 所示为 11 级 m 序列作为测试信号时系统相应情况下的脉冲响应测量值。

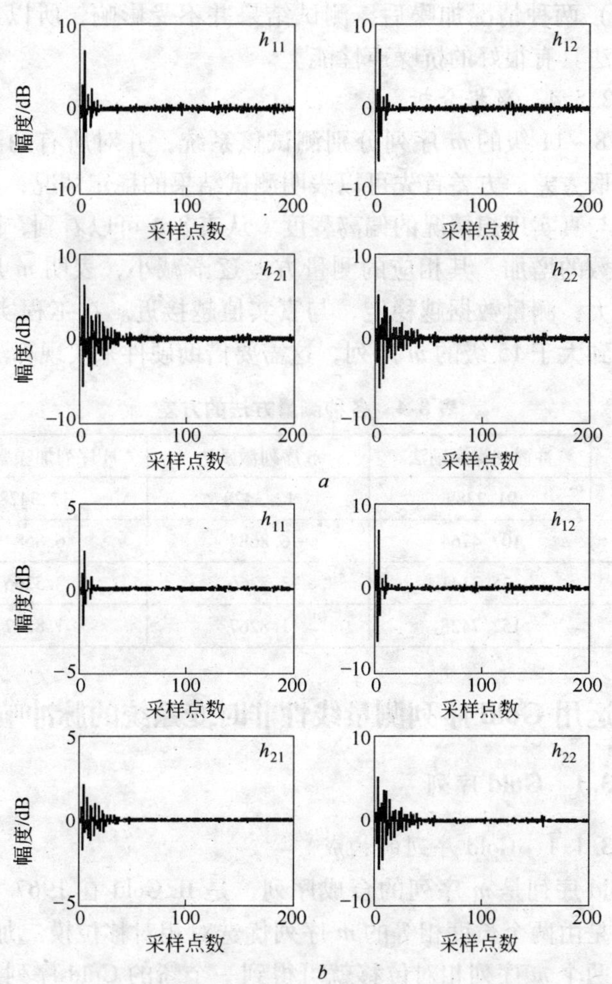

图 8-8 运用 11 级 m 序列测量系统的脉冲响应

a—无噪声时 m 序列法测量的脉冲响应；

b—噪声干扰时 m 序列法测量的脉冲响应

比较级为 9 和级为 11 的 m 序列法的测量结果，可以发现：

（1）级为 11 的测试结果更加接近理想真实值，所以级越大，效果越好；

（2）两种情况加噪后，测试结果并不受影响，所以，m 序列测试法具有很好的抗噪声性能。

8.2.5.4 数据分析

用 8 ~ 11 级的 m 序列分别测试该系统，并对所有的测量数据结果取方差。方差首先可以表明测试结果的稳定情况，其次可以表明与真实理想情况的偏离程度。从表 8-4 可以看到，随着 m 序列级数的增加，其相应的测量方差逐渐减小，表明 m 序列的级数越大，测量数据越稳定，与真实值越接近。在工程实践中，要求用到大于 15 级的 m 序列，这需要借助硬件来实现算法。

表 8-4 各种测量方法的方差

级数 n	冲激加噪激励法	m 序列激励法	m 序列加噪激励法
8	91.2389	12.3428	12.3428
9	107.4764	6.8684	6.8684
10	135.3141	3.5266	3.5266
11	152.7428	1.8267	1.8267

8.3 运用 Gold 序列测量线性非时变系统的脉冲响应

8.3.1 Gold 序列

8.3.1.1 Gold 序列的构成

Gold 序列是 m 序列的合成序列，是 R. Gold 在 1967 年找到的。它是由两个长度相等的 m 序列优选对相对移位模二加构成。每改变两个 m 序列相对位移就可得到一个新的 Gold 序列。当相对移位 2^n-1 时（n 为产生 m 序列的移位寄存器数），就可得到一族 2^n-1 个 Gold 序列，再加上原来的两个 m 序列，共有 2^n+1 个 Gold 序列，其同族的序列数远大于 m 序列的序列数。同时该序列还具有结构简单，易于实现的优点。

根据本书中优选 m 序列对的定义，如果序列 $A=(a_0, a_1, a_2, \cdots, a_{P-1})$，$B=(b_0, b_1, b_2, \cdots, b_{P-1})$ 是周期为 $T=2^n-1$ 的 m 序列优选对，则它们的互相关函数是以下三值

$$R(\tau)=\begin{cases}-t(n)\\-1\\t(n)-2\end{cases} \tag{8-24}$$

其中

$$t(n)=\begin{cases}2^{(n+1)/2}+1 & n\text{ 为奇数}\\2^{(n+2)/2}+1 & n\text{ 为偶数, }n\text{ 不是 4 的倍数}\end{cases} \tag{8-25}$$

它们按下式构成 Gold 序列

$$G_i=B\oplus d^iA \quad (i=0,1,2,\cdots,T-1) \tag{8-26}$$

式中，d 表示循环移位；d^i 表示循环移位 i 次。A 序列的循环移位序列 d^0A，dA，d^2A，…，$d^{(T-1)}A$ 也是 m 序列。则 G_i 和 A、B 序列一起构成 Gold 序列集合 $G(A, B)$，即

$$G(A,B)=\{A,B,A\oplus B,A\oplus dB,\cdots,A\oplus d^{T-1}B\} \tag{8-27}$$

产生 Gold 序列的结构如图 8-9 所示。

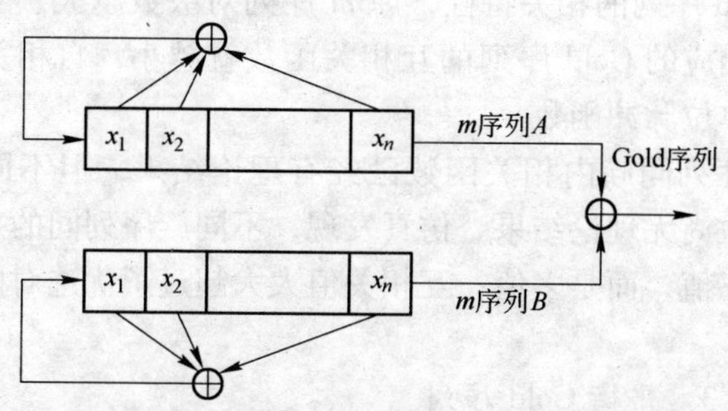

图 8-9 产生 Gold 序列的结构

8.3.1.2 Gold 序列的相关特性

Gold 序列的归一化自相关函数为

$$
\begin{cases} R_g(0) = 1 \\ R_g(j) = R_{ab}(d^i) \quad j \neq 0(i = 0,1,2,\cdots,T-1) \end{cases} \tag{8-28}
$$

式中，T 是 m 序列的周期长度，d 是循环移位，R_{ab} 是 m 序列对的互相关。式（8-28）表明 Gold 序列的归一化自相关函数主峰值与 m 序列相同。除了主峰之外，Gold 序列的自相关函数还有许多侧峰，其侧峰取三值，等于生成该 Gold 序列的两个 m 序列的互相关，即式（8-24）所示。

两个 Gold 序列间的互相关函数为

$$
R_{g_1g_2}(i) = R_{ab}(\tau) \quad \tau = d^j(j = 0,1,\cdots,T-1) \tag{8-29}
$$

式中，$R_{ab}(\tau)$ 是生成 Gold 序列的两个 m 序列的互相关函数。由式（8-29）可知 Gold 序列的互相关函数值等于生成它的 m 序列对的互相关值，具有三值互相关函数，$\{-1,\ -t(n),\ t(n)-2\}$，其中 $t(n)$ 满足式（8-25），即 Gold 序列的互相关函数值与其自相关函数侧峰有相同的取值，只是出现的位置不同。

结合式（8-28）和式（8-29）可知，Gold 序列的互相关函数具有和它本身自相关函数的侧峰相同的极限值，而该极限值就是原 m 序列对的互相关函数的峰值。原 m 序列对的互相关特性决定了 Gold 序列的相关特性，原 m 序列对级数越大、互相关函数越小，相应的 Gold 序列的互相关函数就越小，自相关函数也越接近于单位脉冲函数。

Gold 序列同族内相关函数已经有理论结果，但不同族之间互相关函数尚无理论结果。仿真发现，不同族序列间的互相关函数已不是三值，而是多值，互相关值大大超过了优选对的互相关函数值。

8.3.1.3 平衡 Gold 序列

由于 Gold 序列已经不再是 m 序列，也就不满足所有 m 序列在每一个周期内“1”出现的次数比“0”多一次的特性。R. Gold 曾证明 Gold 序列有三种不同的平衡类型。平衡的 Gold 序列指序列中“1”的个数比“0”的个数仅多一个。其他两类具有更多的“1”或更少的“1”，其平衡序列与非平衡序列数量之关系见表 8-5。

表 8-5 n 为奇数时 Gold 平衡和非平衡序列数量表

序列分组	序列中 1 的数量	序列族中具有这种 1 数量的序列数量	平 衡 性
1	2^{n-1}	$2^{n-1}+1$	平 衡
2	$2^{n-1}+2^{(n-1)/2}$	$2^{n-2}-2^{(n-3)/2}$	平 衡
3	$2^{n-1}-2^{(n-1)/2}$	$2^{n-2}+2^{(n-5)/2}$	非平衡

例如，$n=9$ 级 Gold 序列族，平衡序列数量为 257 个（包括两个 m 序列），非平衡序列数量为 256 个。

对于 Gold 序列，当序列中“1”的个数较多时，随着每一序列中“1”的数目的变化，它的自相关函数也随之变化；而两序列全部移位形式中“1”同时存在的数目可能很大，即互相关函数的峰值出现的几率增大，使得互相关函数的均方值增大。“0”，“1”的个数越接近相等，序列的平衡性就越强，相关特性就越好。

为了寻找平衡 Gold 序列，R. Gold 给出了特征相位的定义：每一个最大长度序列都只有特征相位。当序列处于特征相位时，序列每隔一位抽样与原序列一样，这就是序列处于特征相位的特性。

设序列 $\{a\}$ 的特征多项式 $f_a(x)$ 是一个 n 级线性移位寄存器产生 m 序列的本原多项式，其特征相位由 $g_a(x)/f_a(x)$ 之比来确定。$g_a(x)$ 是生成函数，是一个次数等于或小于 n 的多项式。多项式 $g_a(x)$ 算法如下

$$g_a(x)=\frac{\mathrm{d}[x\cdot f_a(x)]}{\mathrm{d}x}\quad n\text{ 为奇数}\tag{8-30}$$

$$g_a(x)=f_a(x)+\frac{\mathrm{d}[x\cdot f_a(x)]}{\mathrm{d}x}\quad n\text{ 为偶数}\tag{8-31}$$

特征相位多项式

$$G(x) = \frac{g_a(x)}{f_a(x)} \tag{8-32}$$

长除得到特征相位。

求 $g_a(x)$ 的公式由 R. Gold 给出。

例如，求本原多项式 $f_a(x) = x^3 + x + 1$ 的特征相位。根据式（8-30）

$$g_a(x) = \frac{\mathrm{d}[x \cdot f_a(x)]}{\mathrm{d}x} = 1(\mathrm{mod}\ 2)$$

又根据式（8-32）可得特征相位为

$$G(x) = \frac{g_a(x)}{f_a(x)} = \frac{1}{f_a(x)} = \frac{1}{1 + x + x^3}$$

长除后得到

$$G(x) = 1 + x + x^2 + x^4 + x^7 + x^8 + x^9 + \cdots$$

因而得特征相位为 111，而序列状态为

序列	1	1	1	0	1	0	0	1	1	1	0	1	0	…
	↓		↓		↓		↓		↓		↓		↓	
抽样	1		1		1		0		1		0		0	

由上看出抽样后的序列仍是原序列。因此 $f_a(x)$ 序列处于特征相位，特征相位为 111。

由上述方法求得序列特征相位后，需要进一步研究处于特征相位上 m 序列优选对间的相位关系，以便寻找平衡序列。

若序列 $\{a\}$、$\{b\}$ 是处于特征相位上的最长序列优选对。当 n 为奇数时，很明显其特征相位多项式具有

$$G(x) = \frac{1 + c(x)}{1 + d(x)} \tag{8-33}$$

形式。$\mathrm{d}(x)$ 的阶次为 n，而 $c(x)$ 的阶次不大于 $n-1$。长除结果

具有 $1+d_1x+d_2x^2+\cdots$ 这种形式。特征相位的序列第一个符号是 1。

因此，处于特征相位上的 $\{a\}$ 和 $\{b\}$ 序列的移位寄存器，当移动 $\{b\}$ 序列的第一个 1 时，两序列模 2 和得平衡序列。

在此来研究一个例子。设 $n=5$ 的优选对

$$5 \quad 67H \quad f_a(x)=1+x+x^2+x^4+x^5$$

$$1 \quad 45E \quad f_b(x)=1+x^2+x^5$$

相应的生成函数

$$g_a(x)=\frac{\mathrm{d}[x\cdot f_a(x)]}{\mathrm{d}x}=1+x^2+x^4$$

$$g_b(x)=\frac{\mathrm{d}[x\cdot f_b(x)]}{\mathrm{d}x}=1+x^2$$

特征相位由 $G(x)=\dfrac{g(x)}{f(x)}$ 长除得

$$G_a(x)=1+x+x^2+x^4+x^5+x^8+x^9+x^{10}+x^{15}+x^{16}+x^{18}+x^{20}+x^{23}+x^{27}+x^{29}+\cdots$$

$$G_b(x)=1+x^5+x^7+x^9+x^{10}+x^{11}+x^{13}+x^{14}+x^{18}+x^{19}+x^{20}+x^{21}+x^{22}+x^{25}+x^{26}+x^{28}+\cdots$$

状态为

$\{a\}=1\,1\,1\,0\,1\,1\,0\,0\,1\,1\,1\,0\,0\,0\,0\,1\,1\,0\,1\,0\,1\,0\,0\,1\,0\,0\,0\,1\cdots$

$\{b\}=1\,0\,0\,0\,0\,1\,0\,1\,0\,1\,1\,1\,0\,1\,1\,0\,0\,0\,1\,1\,1\,1\,1\,0\,0\,1\,1\,0\,1\cdots$

当以 $\{a\}$ 为基准，其特征相位为 11101，移动 $\{b\}$ 序列，使第一个 0 对准 $\{a\}$ 序列的第一个 1，则 $\{b\}$ 序列的初始状态为 00001，这时符合相对相位要求，能产生平衡序列 $\{b\}$ 的状态为

00001 00010 00101 01010

01011 01110 01100 00011

00111 01111 00110 01101

01001 00100 01000

现将能产生平衡序列的初始条件归纳如下：

（1）选一参考序列，设为 A，序列 $\{a\}$ 必须按式（8-30）与式（8-31）即

$$g_a(x) = \frac{\mathrm{d}[x \cdot f_a(x)]}{\mathrm{d}x} \qquad n \text{ 为奇数}$$

$$g_a(x) = f_a(x) + \frac{\mathrm{d}[x \cdot f_a(x)]}{\mathrm{d}x} \qquad n \text{ 为偶数}$$

求出生成函数。

（2）根据公式（8-32）求特征相位，使序列 $\{a\}$ 处于特征相位1。

（3）置位移序列 B，使序列 $\{b\}$ 的初始状态第一级必须为0，以对准 $\{a\}$ 序列的1。按照上述步骤就可以生成平衡 Gold 序列。

例如，构造 $n = 11$ 码长为 $2^{11} - 1$ 的 Gold 序列。选优选对4005，7335来产生平衡序列。其本原多项式为

4005 $\quad f_a(x) = x^{11} + x^2 + 1$

7335 $\quad f_b(x) = x^{11} + x^{10} + x^9 + x^7 + x^6 + x^4 + x^3 + x^2 + 1$

以序列 $\{a\}$ 为参考序列，其生成函数和特征相位多项式为

$$g_a(x) = \frac{\mathrm{d}[x \cdot f_a(x)]}{\mathrm{d}x} = 1 + x^2$$

$$G(x) = \frac{1 + x^2}{1 + x^2 + x^{11}} = 1 + x^{11} + \cdots$$

其特征相位为（10000000000），如图8-10所示。寄存器中符号×表示状态任意，可以是0，也可以是1。

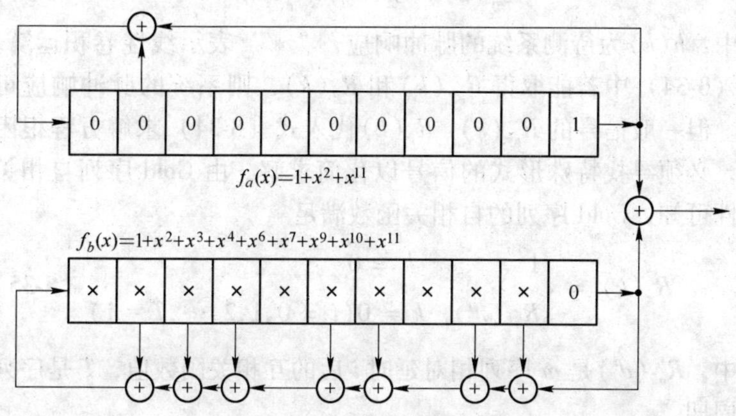

图 8-10 Gold 平衡序列发生电路

8.3.2 Gold 序列法测量单输入单输出系统脉冲响应

8.3.2.1 测量原理

与运用 m 序列作为测试信号测量 LTI 系统的脉冲响应原理相同，Gold 序列法测量系统的脉冲响应也是基于 Gold 序列的自相关函数近似于单位冲激函数（δ 函数），可以近似地求解 Wieren-Hopf 方程从而得到系统的脉冲响应测量值。

将 Gold 序列输入到如图 8-11 所示的 LTI 系统中，根据线性系统的相关理论，系统的输入 $g(k)$ 和输出 $y(k)$ 间的互相关函数 $R_{gy}(k)$ 与输入信号的自相关函数 $R_g(k)$ 满足如下的 Wieren-Hopf 方程

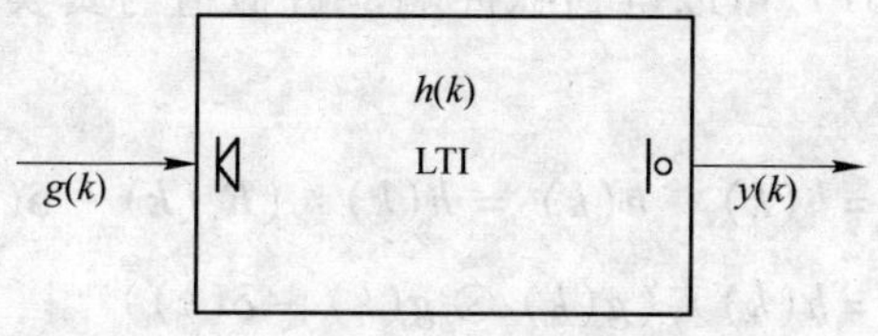

图 8-11 LTI 系统

$$R_{gy}(k) = h(k) * R_g(k) \tag{8-34}$$

式中，$h(k)$为待测系统的脉冲响应，“ * ”表示线性卷积运算。式（8-34）中若能取得 $R_{gy}(k)$ 和 $R_g(k)$，则系统的脉冲响应可得。但一般信号的 $R_{gy}(k)$、$R_g(k)$代入式（8-34）求解方程很困难，必须寻找特殊形式的信号以化简求解。由 Gold 序列自相关特性可知，Gold 序列的自相关函数满足

$$R_g(k) = \begin{cases} 1 & k = 0 \\ R_{ab}(d^i) & k \neq 0 (i = 0,1,2,\cdots,T-1) \end{cases} \tag{8-35}$$

式中，$R_{ab}(d^i)$是 m 序列相对延时 i 后的互相关函数值，T 是序列的周期。

$$\begin{aligned} R_{gy}(k) &= h(k) * R_g(k) = h(k) * [(1 - R_g(k)) \cdot \delta(k) + R_g(k)] \\ &= h(k) * [(1 - R_g(k)) \cdot \delta(k)] + h(k) * R_g(k) \\ &= h(k) * \delta(k) + h(k) * [R_g(k) - R_g(k) \cdot \delta(k)] \\ &= h(k) + h(k) * [R_g(k) - \delta(k)] \end{aligned} \tag{8-36}$$

Gold 序列自相关函数的侧峰值较小，可认为 $R_g(k) \approx 0 (k \neq 0)$，则

$$\hat{h}(k) = R_{gy}(k) \tag{8-37}$$

式中，$\hat{h}(k)$ 指脉冲响应的近似值。式（8-37）表明，只要计算出系统输入与输出信号间的互相关函数，则该函数就是近似反映系统特性的脉冲响应。

8.3.2.2　误差分析

由式（8-37）可以得到脉冲响应近似值与真实值之间的误差为

$$\begin{aligned} \mathrm{e}(k) &= \hat{h}(k) - h(k) = h(k) * (R_g(k) - \delta(k)) \\ &= h(k) * (g(k) \otimes g(k) - \delta(k)) \end{aligned} \tag{8-38}$$

式中，$\otimes$是相关算子。由式（8-38）可以知道，运用 Gold 序列

测量系统的脉冲响应，其误差是由 Gold 序列的自相关函数的侧峰值不等于零引起的，该侧峰值的大小决定于生成 Gold 序列的两 m 序列间的互相关函数 $R_{ab}(d^i)$ 。随着 m 序列级数的增大，m 序列对间的互相关函数峰值会减小，从而 Gold 序列的自相关函数侧峰幅度也会随之减小，即增加 m 序列的级数可以提高测量的精度。

值得注意的是，相同条件下，Gold 序列法测量脉冲响应的误差幅度一般要大于运用相应级数的 m 序列法的测量误差。

8.3.2.3 抑制非线性失真性能分析

根据第 5 章和第 6 章有关内容，当室内待测声学系统有微弱非线性干扰时，三次幂以上的非线性干扰可以忽略，只讨论二次幂非线性干扰。有非线性干扰时的模型如图 3-7 所示。根据式(6-33)，二次非线性误差为

$$e(k) = \sum_{k_1=0}^{L-1}\sum_{k_2=0}^{L-1} h(k_1,k_2)\left[\frac{1}{L}\sum_{n=0}^{L-1} g(n)g(n+k_1)g(n+k_2)\right] \quad (8\text{-}39)$$

当运用 Gold 序列作为激励时，式中的输入信号 $g(n)$ 指 Gold 序列。

$$R_g(k_1,k_2) = \frac{1}{L}\sum_{n=0}^{L-1} g(n)g(n+k_1)g(n+k_2) \quad (8\text{-}40)$$

式（8-40）是 Gold 序列的三阶相关函数。Gold 序列由 m 序列 $\boldsymbol{m}_1$ 和 $\boldsymbol{m}_2$ 模二加生成，即 $\boldsymbol{g} = \boldsymbol{m}_1 \oplus \boldsymbol{m}_2$，在有限域上，Gold 序列值是 1、 -1 时，模二加变为乘积，所以其三阶相关函数为

$$\begin{aligned} R_g(k_1,k_2) &= \frac{1}{L}\sum_{n=0}^{L-1} g(n)g(n+k_1)g(n+k_2) \\ &= \frac{1}{L}\sum_{n=0}^{L-1} m_1(n)m_1(n+k_1)m_1(n+k_2) \times \\ &\quad m_2(n)m_2(n+k_1)m_2(n+k_2) \end{aligned} \quad (8\text{-}41)$$

根据 m 序列的三项式对特点，可以得到

$$R_g(k_1,k_2)=\begin{cases}1 & (k_1,k_2)\text{ 是 }\boldsymbol{m}_1\text{ 和 }\boldsymbol{m}_2\text{ 的三项式对}\\ -1/L & (k_1,k_2)\text{ 是 }\boldsymbol{m}_1\text{ 或 }\boldsymbol{m}_2\text{ 的三项式对}\\ R_{m_1m_2}(k) & \text{其他}\end{cases} \tag{8-42}$$

式中，$R_{m_1m_2}(k)$ 是 m 序列对的互相关函数。由式（8-42）可以看到，Gold 序列的三阶相关函数值是多值的，除了 1 和 $-1/L$ 外，还等于优选 m 序列对的互相关函数值。当 Gold 序列的三阶相关函数值为 1 时，所对应的（k_1，k_2）称为 Gold 序列的三项式对。Gold 序列的三项式对集合是两个 m 序列的三项式对集合的交集，所以 Gold 序列的三项式对数远少于 m 序列的三项式对数目，同时生成 Gold 序列的优选 m 序列对，其互相关函数是理想的三值相关函数，其值远小于 1。

根据 Gold 序列的三阶相关函数的特点可知，式（8-39）表示的二次非线性误差幅度尖锐峰值很少，误差接近于均匀分布，如图 8-12 所示。从图中可以看到，它的误差分布近似于一条斜率不变的直线。与 m 序列法的误差分布相对比，图中的误差没有明显的尖锐峰值，其抗非线性性能较好。

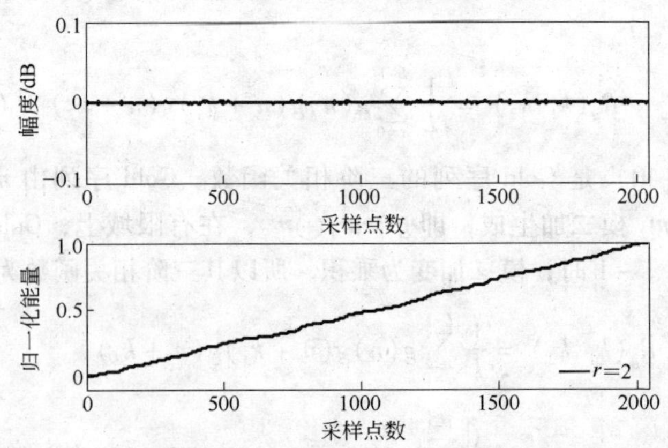

图 8-12　二次非线性误差及其分布

8.3.2.4　仿真实验

为了验证平衡 Gold 序列在单通道脉冲响应测量中应用的可

行性，基于 Matlab 平台做了如下的仿真实验。

设计一个截止频率为 1kHz 有 50 个抽头的 Fir 低通滤波器。

实验 1：Gold 序列的平衡性对测量的影响

根据“0”和“1”的个数不同，Gold 序列的平衡有三种状态，“1”的个数比零的个数多 1 个（平衡的）、“1”的个数比零的个数更多或更少（非平衡）。实验中分别将三种不同平衡性的 Gold 序列输入到低通滤波器中，测量相应的脉冲响应并计算 PNR，图 8-13 所示为每种状态时的 PNR 平均值，单位是 dB。

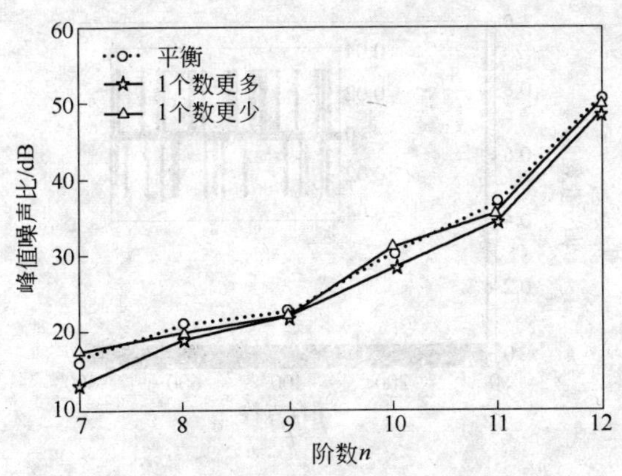

图 8-13 不同平衡性 Gold 序列对测量的影响

由图 8-13 可见，当序列中 1 的个数较少时与序列平衡时所对应的 PNR 基本一致，1 的个数较多时所对应的 PNR 比前两种状态一般要低 2～3dB，所以以下实验如无特别说明都选用平衡 Gold 序列。

实验 2：无噪声时 Gold 序列法测量脉冲响应

用 11 级优选特征 m 序列对移位相加产生平衡 Gold 序列，图 8-14 是产生 Gold 序列的 m 序列对的互相关函数和相应的 Gold 序列的自相关函数侧峰对比，其中 Gold 序列的自相关函数侧峰上限等于 m 序列的互相关函数的峰值最大值。

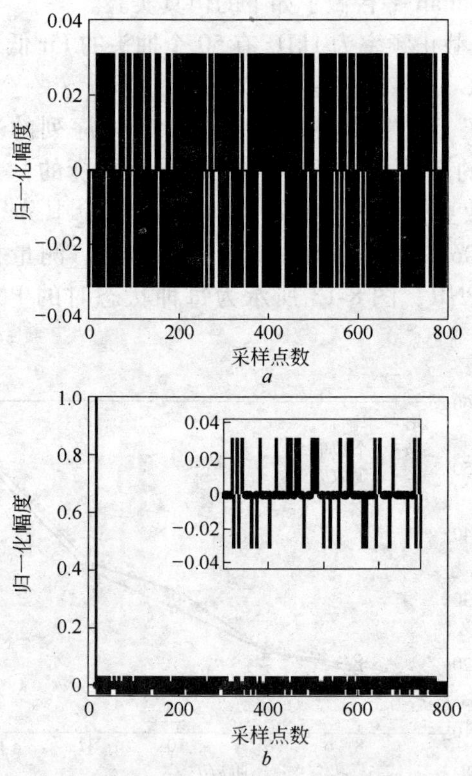

图 8-14　*m* 序列的互相关函数与 Gold 序列自相关函数侧峰对比

a—*m* 序列的互相关函数；*b*—Gold 序列的自相关函数

理想情况下用单位冲激序列（理想化周围环境中不存在噪声干扰）去激励系统，得到的脉冲响应为真实的脉冲响应。将 Gold 序列作为输入信号，得到系统的输出，并运用快速相关改进算法计算输入信号和输出信号的相关函数，从而得到系统的脉冲响应曲线，如图 8-15 所示。

从图 8-15 可以观察到，运用 Gold 序列法测量得到的脉冲响应与真实脉冲响应相比，脉冲响应尾部并没有等于零，而是多了许多幅度不等的小峰值，称之为残余噪声。这些残余噪声近似均

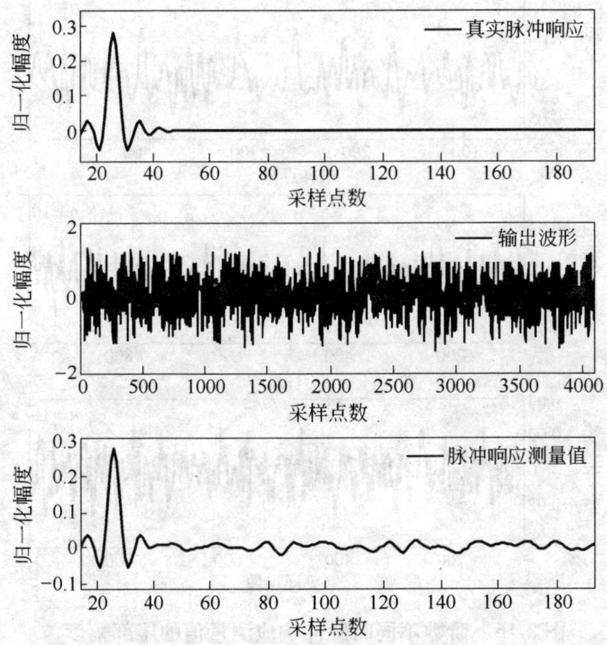

图 8-15 运用 Gold 序列法测量脉冲响应

匀地分布在整个测量周期内，根据式（8-11）可知，主要是由 Gold 序列自相关函数的侧峰不等于零引起的，是 Gold 序列法本身所具有的噪声，增大序列长度可以得到改善。

分别将 9 ~ 11 级 Gold 序列作为激励得到脉冲响应测量值，将其尾部放大后的曲线如图 8-16 所示。观察图 8-16 可以发现，随着 Gold 序列阶数的增大，脉冲响应的尾部误差幅度逐渐减小，即增大信号长度可以提高测量精度。

实验 3：随机白噪声干扰时 Gold 序列法测量脉冲响应

将 Gold 序列和幅度峰值 −20dB 的白噪声同时输入到低通滤波器中，运用快速相关改良算法得到有白噪声干扰时系统的脉冲响应；为了与传统的冲激响应法对比，用相同幅度的单位取样脉冲迭加 −20dB 白噪声同时进行激励得到相应的脉冲响应。

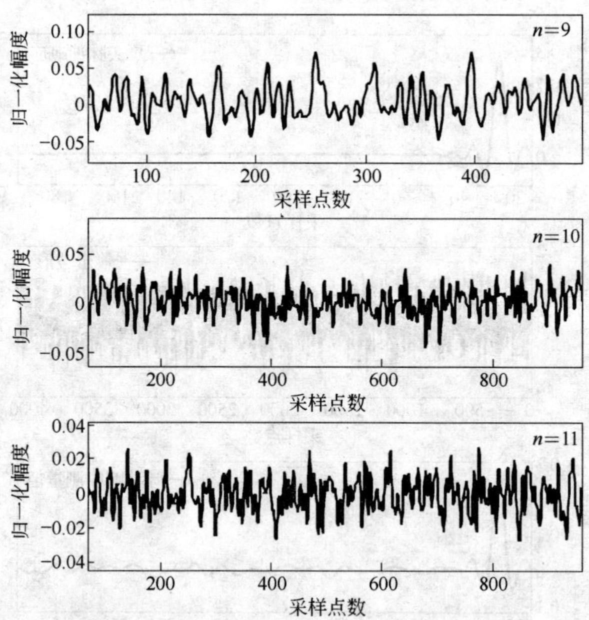

图 8-16 阶数不同时脉冲响应测量值的尾部幅度

传统的冲激响应法加噪后的输入输出波形如图 8-17 所示，从图中可以观察到，冲激响应法测量得到的脉冲响应信号幅度很

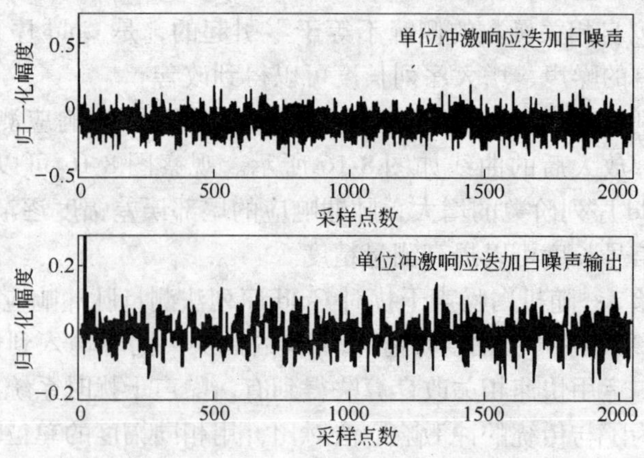

图 8-17 加噪后冲激响应法测量脉冲响应

小，几乎淹没在了尾部噪声中，很难辨别出真实的脉冲响应。

图 8-18*a*～图 8-18*c* 分别是加噪的 Gold 序列波形、系统输出波形和测量得到的脉冲响应波形。对比图 8-17 和图 8-18，显然，Gold 序列法的抗噪声能力远大于传统的冲激响应法。

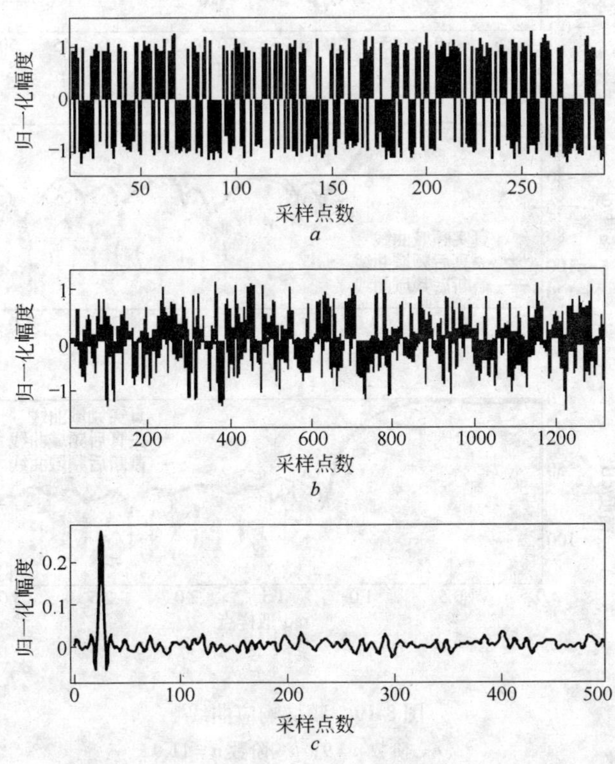

图 8-18 加噪后 Gold 序列法测量脉冲响应

实验 4：验证 Gold 序列法的抗非线性失真性能

信号流程如图 5-7 所示，二次非线性系数为 −20dB。运用 9 级 Gold 序列激励系统，经过相关运算得到系统的频域响应曲线如图 8-19 所示。为了对比，图 8-19*b* 是运用 11 级 Gold 序列激励系统时测量到的频域曲线。

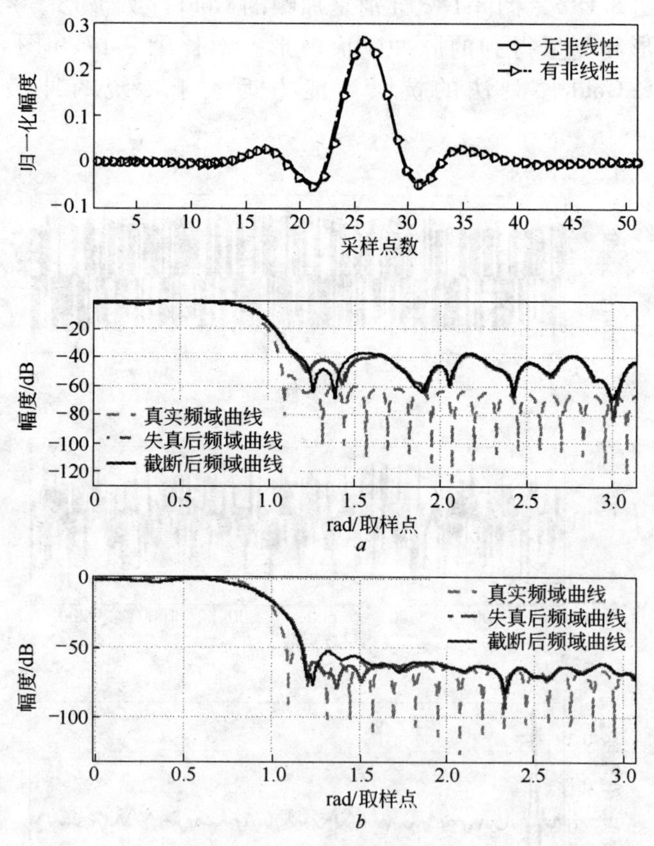

图 8-19 频域响应曲线

a—阶数 $n=9$；*b*—阶数 $n=11$

可以观察到，增加序列级数，频域响应曲线得到了一定的改善。图 8-20 是二次非线性误差分布，显然，Gold 序列法的误差没有大的尖脉冲出现，其分布也没有明显的阶梯跳跃。

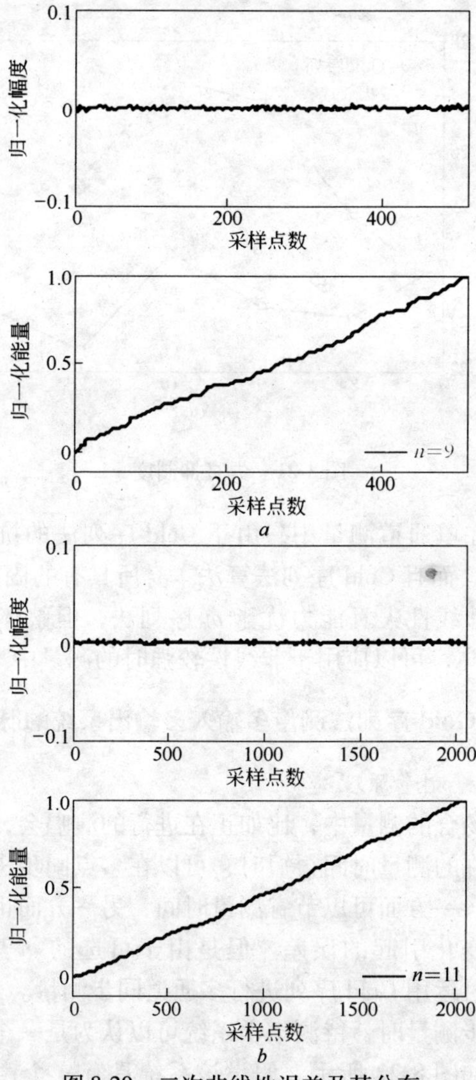

图 8-20 二次非线性误差及其分布

图 8-21 是运用 7 ~ 13（除 $n=12$ 外）级 m 序列或 Gold 序列激励时，相应的失真抑制度。显然，由于 Gold 法的非线性误差没有大的尖锐峰值，所以失真抑制度比同级的 m 序列法的高。

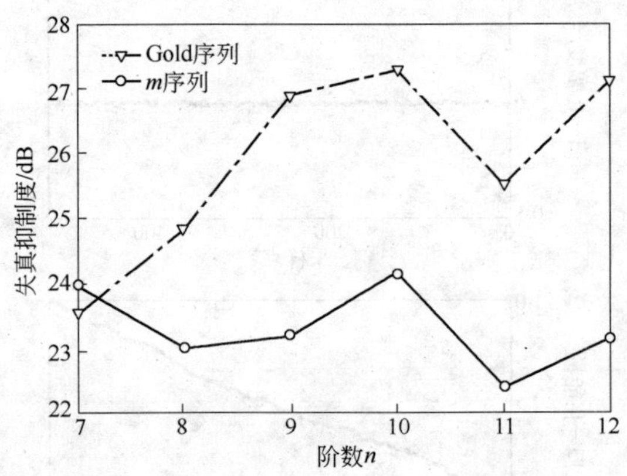

图 8-21 失真抑制度

应当注意，在单通道测量中，由于 Gold 序列法的抗噪声能力不及 m 序列法，而且 Gold 序列法算法本身所具有的固有噪声较大，所以虽然抗非线性失真能力优于 m 序列法，但整体测量精度没有 m 序列法高，可以应用于非线性较强时的测量中。

8.3.3 Gold 序列法测量多输入多输出系统的脉冲响应

8.3.3.1 测量原理

在一些场合的测量中，比如正在进行的演唱会，或者环境变化较快所允许的测量时间很短时，可以在多点同步进行测量。这样做的优点，一方面可以节省测量时间，另一方面也可以减小由于测量环境变化引起的误差。但是由于可选的 m 序列对很少，所以本节探讨运用 Gold 序列进行多通道同步测量。

多点同步测量时，待测声学系统可以认为是一个多输入多输出的系统，如图 8-22 所示。假设该系统具有 n 个声源，且在测试时间内该系统是线性非时变的。s_i 表示时域中第 i 个信源的 Gold 序列 $s_i = m_i$，y_j 表示第 j 个接收器的接收信号。h_{ij} 表示第 i 个信源到第 j 个接收器的线性单位脉冲响应。根据线性系统的多通道测量原理，第 j 个接收器的接收信号是

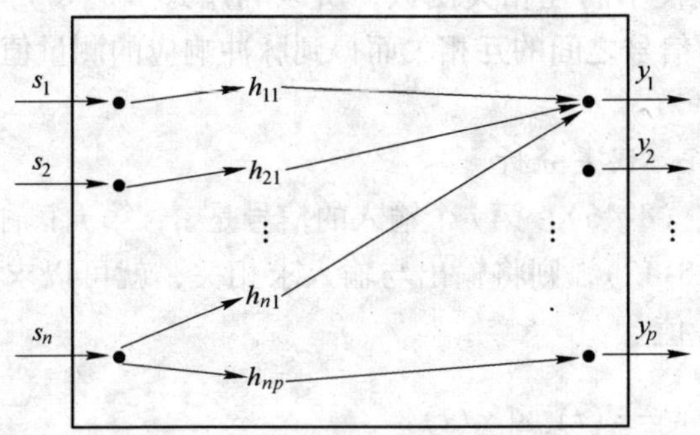

图 8-22 多输入多输出系统

$$y_j(t) = \sum_{i=1}^{n} s_i(t) * h_{ij}(t) \tag{8-43}$$

式中，* 表示线性卷积，n 表示信源的个数。则第 i 个信号源与第 j 个接收信号的互相关函数为

$$s_i(t) \otimes y_j(t) = \sum_{k=1}^{n} [s_i(t) \otimes s_k(t)] * h_{kj}(t) \tag{8-44}$$

式中，$\otimes$是相关算子，如果 $R_{ik}(t)$ 表示第 i 个信源与第 k 个信源之间的互相关函数，而且 Gold 序列 的 $R_{ik}(t)$ 近似满足如下关系

$$R_{ik}(t) = s_i(t) \otimes s_k(t) = \begin{cases} \delta(t) & i = k \\ 0 & i \neq k \end{cases} \tag{8-45}$$

则将式（8-45）代入式（8-44）可得到

$$h_{ij}(t) = s_i(t) \otimes y_j(t) \tag{8-46}$$

由式（8-46）可知，如果多个激励信号之间满足关系式(8-45)，也即各个激励信号的自相关函数是单位取样函数，同时，它们之间的互相关函数等于零，则第 i 个信源到第 j 个接收器的单位脉冲响应可以很方便地由输入和输出信号的互相关得到。

然而，实际中是不可能存在且构造出满足式（8-45）这种理想相关特性的信号。Gold 序列只是具有近似 δ 函数的自相关函数和峰值较小的互相关函数，所以利用式（8-46）直接计算输入与输出信号之间的互相关而得到脉冲响应的测量值肯定会带来误差。

8.3.3.2 误差分析

根据式（8-46），第 i 个输入的信号是 s_i，第 j 个输出信号是 y_j 满足式（8-45），则将输出与输入求相关，就可以求得脉冲响应 h_{ij} 的估计值

$$\begin{aligned}\hat{h}_{ij}(t) &= s_i(t) \otimes y_j(t) \\ &= \sum_{k=1}^{n} [s_i(t) \otimes s_k(t)] * h_{kj}(t) \\ &= h_{ij}(t) + h_{ij}(t) * (s_i(t) \otimes s_i(t) - \delta(t)) + \\ &\quad \sum_{k=1, k\neq i}^{n} h_{kj}(t) * (s_i(t) \otimes s_k(t))\end{aligned} \tag{8-47}$$

式中，$\otimes$表示线性相关算子，δ 是单位冲激序列，则测量误差为

$$\begin{aligned}e_{ij}(t) &= \hat{h}_{ij}(t) - h_{ij}(t) \\ &= h_{ij}(t) * (s_i(t) \otimes s_i(t) - \delta) + \\ &\quad \sum_{k=1, k\neq i}^{n} h_{kj}(t) * (s_i(t) \otimes s_k(t))\end{aligned} \tag{8-48}$$

在式（8-48）中，误差项的第一项是由于信号的自相关不是理想的单位冲击函数而产生的，第二项是由于输入信号之间互相关不等于零引起。因为，Gold 序列的相关特性决定于产生它的 m 序列对，所以选择优选的 m 序列对同时增加序列长度是减小多通道同步测量误差的途径。

8.3.3.3 抗噪声性能分析

设测量过程中输入端叠加有白噪声干扰 $n_i(t)$，第 i 路的输入 m 序列信号为 $m_i(t)$，此时输入端的馈入信号可表示为

$$s_i(t) = m_i(t) + n_i(t) \tag{8-49}$$

则第 j 路的接收信号可表示为

$$y_j(t) = \sum_{k=1}^{n} s_k(t) * h_{kj}(t) \qquad j = 1,2,\cdots \tag{8-50}$$

式中，“$*$”表示线性卷积。则第 i 个信号源与第 j 个接收信号的互相关函数为

$$s_i(t) \otimes y_j(t) = \sum_{k=1}^{n} [s_i(t) \otimes s_k(t)] * h_{kj}(t) \tag{8-51}$$

其中

$$\begin{aligned} s_i(t) \otimes s_k(t) &= [m_i(t) + n_i(t)] \otimes [m_k(t) + n_k(t)] \\ &= m_i(t) \otimes m_k(t) + m_i(t) \otimes n_k(t) + n_i(t) \otimes \\ &\quad m_k(t) + n_i(t) \otimes n_k(t) \\ &\quad i,\ k = 1,2,\cdots,n \end{aligned} \tag{8-52}$$

由于高斯白噪声与任何序列都互不相关，因而式（8-52）中，后三项都趋于零，则有

$$s_i(t) \otimes s_k(t) = m_i(t) \otimes m_k(t) \quad i,k = 1,2,\cdots,n \tag{8-53}$$

所以

$$s_i(t) \otimes y_j(t) = \sum_{k=1}^{n} [m_i(t) \otimes m_k(t)] * h_{kj}(t) \tag{8-54}$$

与无噪声时的表达式（8-44）相同。当 Gold 序列的自相关函数近似为冲激函数，即满足式（8-45）时，将式（8-45）代入式（8-54）得到有白噪声干扰时的脉冲响应测量值为

$$h_{ij}(t) = s_i(t) \otimes y_j(t) \tag{8-55}$$

以 $i=1$，$j=1$ 为例，有

$$\begin{aligned} h_{11}(t) &= s_1(t) \otimes y_1(t) \\ &= m_1(t) \otimes y_1(t) + n_1(t) \otimes y_1(t) \end{aligned} \tag{8-56}$$

式（8-56）的第二项为白噪声和接收信号的互相关，此项趋于

零。从而有

$$h_{11}(t) \approx m_1(t) \otimes y_1(t) \tag{8-57}$$

由于式（8-57）的脉冲响应的近似表达式与噪声信号 $n_i(t)$ 无关，因而 Gold 序列法具有较强的抗噪声性能。

8.3.3.4 仿真实验

为使问题简单化却不失一般性，只讨论多输入单输出的情况。由 11 级 m 序列优选对经过相对移位再进行模 2 加后，分别产生同一集的 8 组 Gold 序列，它们具有相同的自相关函数以及两两序列间相同的互相关函数。

设计一个截止频率为 1kHz 50 个抽头的 Fir 低通滤波器，采样频率为 1kHz，滤波器真实脉冲响应如图 8-8*a* 所示。分别将 2～8组 Gold 序列输入到此滤波器中，然后将各自的输出相加。将各输入序列与总输出运用改进的 FFT 算法分别求相关，从而得到相应通道的脉冲响应。例如，对于输入为 3 组 Gold 序列时的情况：

第一个信源对应的输出 out1 = filter(hlow,Gold1)

第二个信源对应的输出 out2 = filter(hlow,Gold2)

第三个信源对应的输出 out3 = filter(hlow,Gold3)

总输出 out = out1 + out2 + out3

则 h_{11} = Gold1 ⊗ out；h_{21} = Gold2 ⊗ out；h_{31} = Gold3 ⊗ out。

图 8-23 分别是 1～8 个输入端时，Gold 序列法得到的输出端相同的各通道单位脉冲响应。观察图 8-23 中各种情况可以发现，随着通道数的增加，脉冲响应的残余噪声幅度逐渐增大，这是因为输入端越多输入信号间的相关引起的误差越大的缘故。以 2 个输入端和 8 个输入端为例，它们的尾部幅度上限由 －70.13dB 增加到了 －53.19dB，增加的幅度为 16.94dB。

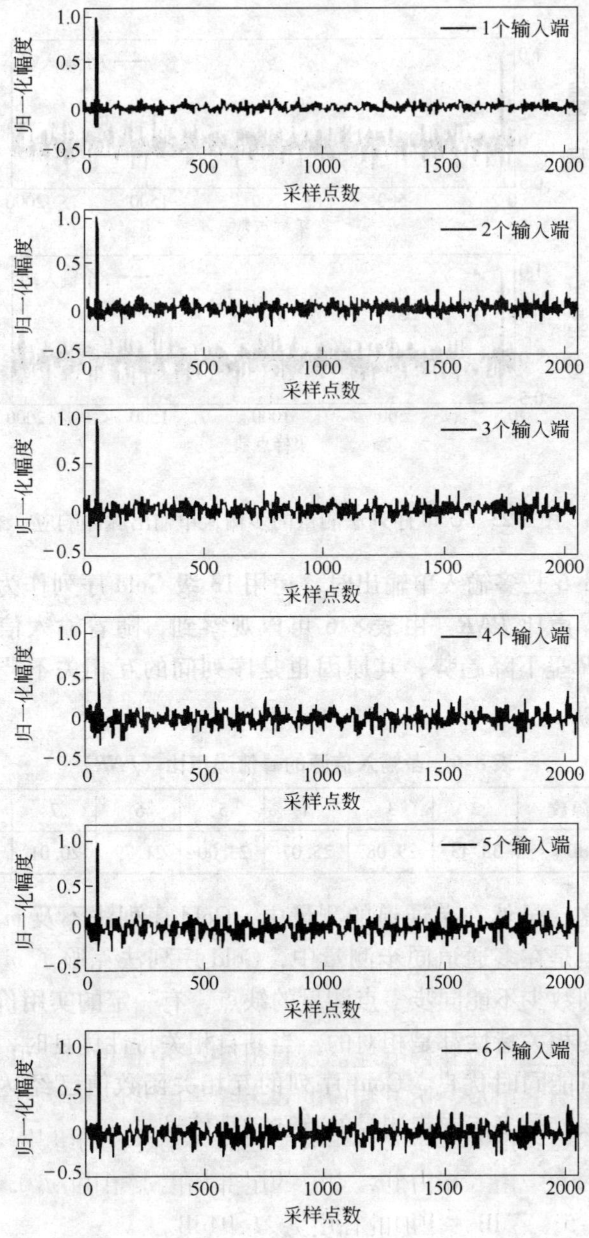
1个输入端
2个输入端
3个输入端
4个输入端
5个输入端
6个输入端
归一化幅度
采样点数
1.0
0.5
0
−0.5
0
500
1000
1500
2000

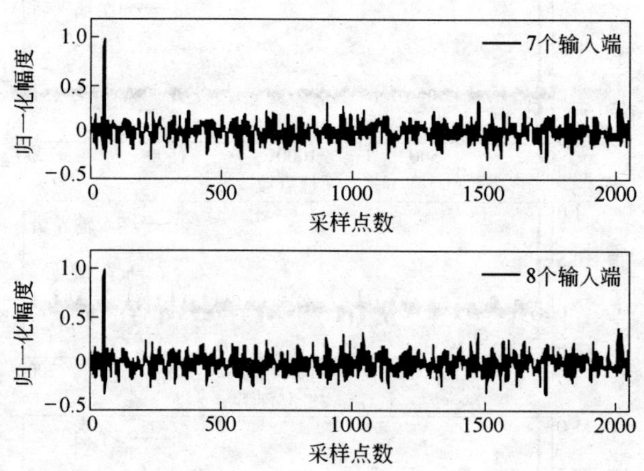

图 8-23 Gold 序列法测量的多输入单输出脉冲响应

表 8-6 是多输入单输出时，运用 13 级 Gold 序列作为激励时的峰值噪声比 *PNR*。由表 8-6 可以观察到，随着输入信源的增加，*PNR* 呈下降趋势，其原因也是序列间的互相关不严格等于零引起的。

表 8-6 多输入信源的峰值噪声比（*PNR*）

输入信源数	2	3	4	5	6	7	8
PNR/dB	33.43	29.08	25.07	23.00	21.79	20.01	18.94

总之，虽然在单通道的测量中，Gold 序列法不及 *m* 序列法精确，但是在多通道同步测量中，Gold 序列法克服了 *m* 序列法可用序列数少不能同步多点测量的缺点，有一定的实用价值。任何序列的相关特性都是相对的，当其自相关特性优良时，互相关性能不可能同时优良，Gold 序列的互相关函数值已经达到了理论的下限，是多点同步测量的首选激励信号。

参考文献

[1] П. 库特鲁夫. 室内声学[M]. 沈豪译. 北京: 中国建工出版社, 1982.

[2] Schroeder M R. New method of Measuring Reverberation Time[J]. Journal of the Acoustical Society of America, 1965, 37: 409~412.

[3] Chu W T. Comparison of Reverberation Measurements Using Schroeder's Impulse Method and Decay-curve Averaging Method[J]. Acoust. Soc. Am., 1978, 63(5): 1440~1450.

[4] 张琼. 广义的虚拟声环境研究[D]. 浙江: 浙江大学, 1999.

[5] 曾向阳. 封闭声场视听一体化系统理论研究与系统设计[D]. 甘肃: 西北工业大学, 2002.

[6] 赵松龄. 声学测量技术20年[J]. 声学技术, 2002, 21(1): 52~54.

[7] 赵跃英, 盛胜我. 室内声学测量中常用声源性能的比较[J]. 声学技术, 2003, 22(2): 76~79.

[8] 孟子厚. 厅堂声学测量中不同激励声源的比较[J]. 应用声学, 2005, 24(1): 19~23.

[9] 赵跃英, 盛胜我. 室内声学测量中数字化声源性能的分析[J]. 声学技术, 2003, 23(3): 143~147.

[10] Internation Organization for Standardization. ISO3382, 1997. Acoustics-Measurement of the Reverberation Time of Rooms with Reference to other Acoustical Parameters[S].

[11] Lempel A, Cohn M, Eastman W L. A Class of Balanced Binary Sequences with Optimal Autocorrelation Properties[J]. IEEE Trans. on Information Theory, 1977, 23: 38~42.

[12] M Cohn, A Lempel. On Fast M-Sequence Transforms[J]. IEEE Trans. on Information Theory, 1977, 23: 135~137.

[13] Lempel A. Hadamard and M-Sequence Transforms are Permutationally Similar. Applied Optics, 1979, 18(24): 4064~4065.

[14] H Alrutz, Schroeder M R. A Fast Hadamard Transform Algorithm for the Evaluation of Measurements Using Pseudorandom Test Signals[C]. Proc. 11th internat. Conf. Acoust., Paris, 1983, 6: 235~238.

[15] Xiang N. Using M-sequences for Determining the Impulse Responses of LTI-Systems[J]. Signal Processing, 1992, 28(2): 139~152.

[16] Xiang N, Schroeder M R. Reciprocal Maximum-length Sequence Pairs for Acoustical Dual Source Measurements[J]. Acoust. Soc. Am., 2003, 113(5): 2754~2761.

[17] Mommertz E, Muller S. Applying the Inverse Fast Hadamard Transform to Improve

MLS Measurements[J]. ICA 95 Proceed, 1995.

[18] Rife D, Vanderkooy J. Transfer-Function Measurement with Maximum-Length Sequences[J]. Audio Eng. Soc. 1989, 37(6): 419 ~ 444.

[19] Rife D. Modulation Transfer Function Measurement with Maximum-Length Sequences [J]. Audio Eng. Soc. 1992, 40(10):779 ~ 790.

[20] Vanderkooy J. Aspects of MLS Measuring Systems[J]. Audio Eng. Soc., 1994, 42 (4): 219 ~ 231.

[21] DUNN C, M O Hawksford. Distortion Immunity of MLS-derived Impulse Response Measurements[J]. Audio Eng. Soc., 1993, 41(5): 314 ~ 335.

[22] GREEST M C, M O Hawksford. Nonlinear Distortion Analysis Using Maximum Length Sequences[J]. Electron. Lett., 1994, 30(13): 1033 ~ 1035.

[23] M C Greest, M O Hawksford. Distortion Analysis of Nonlinear Systems with Memory Using Maximum-Length Sequences [J]. IEE Proc.-Circuits Devices Syst., 1995, 142: 345 ~ 350.

[24] Xiang Ning. Evaluation of Reverberation Time Using a Nonlinear Regression Approach [J]. Acoust Soc. Am., 1995, 98(4): 2112 ~ 2121.

[25] Elliott S J, Nelson P A. Multiple-Point Equalization in a Room Using Adaptive Digital Filters[J]. Audio Eng. Soc. 1989, 37(11): 899 ~ 907.

[26] Mourjopoulos J. Digital Equalization of Room Acoustics[J]. Audio Eng. Soc. 1994, 42(11):884 ~ 900.

[27] A Dhayni, S Mir, L Rufer. Evaluation of Impulse Response-based BIST Techniques for MEMS in the Presence of Weak Nonlinearities[C]. Proceedings of the European Test Symposium (ETS'05) European, Digital Object Identifier. Tallinn, Estonia, 2005: 1530 ~ 1877.

[28] Ning Xiang, Bradley M, Laser-Doppler Vibrometer-Based Acoustic Landmine Detection Using the Fast M-sequence Transform[J]. IEEE Trans. Geo. & Remote Sensing., 2004(1): 292 ~ 294.

[29] Xiang N, Chu D. Fast M-sequence Transform for Quasi-Backscatter Sonar in Fisheries and Zooplanton Survey Applications[C]. Proc 7th International Conference on Signal Processing, 2004(3): 2433 ~ 2436.

[30] http://www.abcd.edu.cn/htmlpage/shengxueshiyan/shengxueshiyan_list.asp? Id = 225.

[31] 沈豪. 声学测量[M]. 北京：科学出版社，1986.

[32] 蒋国荣，王季卿. 上海大剧院观众厅声场计算机模拟分析[J]. 声学技术，1998 (17): 111 ~ 113.

[33] 陈克安，曾向阳，李海英. 声学测量[M]. 北京：科学出版社，2005.

[34] 俞悟周，王佐民．强背景下混响时间的非线性滤波 m 序列相关测量[J]．应用声学，1998，17(5)：11～16.

[35] 赵跃英，盛胜我．室内声学测量中扬声器瞬态响应的影响及消除[J]．同济大学学报，2004，32(9)：1252～1256.

[36] 赵跃英，盛胜我．实施厅堂音质参量测量标准（ISO3382）中的若干问题[J]．声学技术，2006，25(5)：482～485.

[37] 林可祥，汪一飞．伪随机码的原理与应用[M]．北京：人民邮电出版社，1978.

[38] 肖国镇，梁传甲，王育民．伪随机序列及其应用[M]．北京：国防工业出版社，1985.

[39] Cusick T，Ding C，Renvall A. Stream Ciphers and Number Theory[M]. North-Holland，Mathematical Library55：Elsevier/North-Holland，1998.

[40] Golomb S W. Shift Register Sequences[M]. SanFrancisco，CA：Holden-Day，1967. Revised edition：Laguna Hills，CA：Aegean Park，1982.

[41] Helleseth T，Kumar P V. Sequences with Low Correlation[A]. Handbook of Coding Theory[M]. The Netherlands：Elsevier，1998：1765～1854.

[42] Schneier B. Applied Cryptography 2nd Edition：Protocols，Algorithms，and Souce Code in C [M]. New York：Wiley John & Sons，1996.

[43] Stinson D R. Cryptography：Theory and Practice[M]. Boca Raton：CRC Press，1995.

[44] 胡健栋，郑朝晖，尤必起，等．码分多址与个人通信[M]．北京：人民邮电出版社，1990.

[45] 卢开澄．计算机密码学（第2版）[M]．北京：清华大学出版社，1998.

[46] 王德文．密码通信入门[M]．北京：人民邮电出版社，1987.

[47] T Helleseth. Some Results about the Crosscorrelation Function between Two Maximal Linear Sequences[J]. Discrete Math，1976(16)：209～232.

[48] 杨福生．随机信号分析[M]．北京：清华大学出版社，1990.

[49] 李白男．伪随机信号及相关辨识[M]．北京：科学出版社，1987.

[50] 查光明，熊贤祚．扩频通信[M]．西安：西安电子科技大学出版社，2001.

[51] 杨春花，黄翔东，王兆华．m 序列法测量室内脉冲响应的非线性失真分析[J]．天津大学学报，2007.

[52] Xiang N. A Mobile Universal Measuring System for the Binaural Room-Acoustic Modelling-Technique[M]. Wirtschaftsverlag NW，1991.

[53] Gold R. Characteristic Linear Sequences and Their Coset Functions，SIAM[J]. Math.，1966，14：980～985.

[54] D V Sarwate，M B Pursley. Crosscorrelation Properties of Pseudorandom and Related Sequences[J]. Proc. IEEE 1980，68：593～619.

[55] Xiang Ning, Blauert J. Binaural Scale Modelling for Auralisation and Prediction of Acoustics in Auditoria[J]. Acoust., 1993, 38: 267 ~ 290.

[56] 徐勇，王炳麟. 用于厅堂音质评价研究的人工头传输系统的特性研究[C]. 建筑物理研究论文集. 北京：中国建筑工业出版社，1996.

[57] 黄翔东，李文元，王兆华. 基于快速 *m* 序列变换的线性网络冲激响应测量算法[J]. 数据采集与处理，2006，21(2)：142 ~ 148.

[58] 陈怀琛，吴大正，高西全. MATLAB 及在电子信息课程中的应用 [M]. 北京：电子工业出版社，2003.

[59] 徐科军. 信号分析与处理[M]. 北京：清华大学出版社，2006.

[60] 吴国乔. 全相位方法在频谱分析及数字滤波上的应用[D]. 天津：天津大学，2006.

[61] M 德雅瑟格. 非线性系统分析[M]、徐德明译. 北京：国防工业出版社，1983.

[62] J S 贝达特. 随机数据的非线性系统分析与辨识[M]. 沈民奋，范佩鑫译. 成都：西南交通大学出版社，1992.

[63] 夏天长（美国）. 系统辨识——最小二乘法[M]. 熊光楞，李云芳译. 北京：清华大学出版社，1983.

[64] 潘立登，潘仰东. 系统辨识与建模[M]. 北京：化学工业出版社，2004.

[65] 焦李成. 非线性传递函数理论与应用[M]. 西安：西安电子科技大学出版社，1992.

[66] 杨春花，黄翔东，王兆华. *m* 序列法测量房间脉冲响应中截断点的选择 [J]. 信号处理，2008，24(5)：831 ~ 834.

[67] M Schetzen. The Volterra and Wiener Theories of Nonlinear Systems[M]. Wiley, New York, 1980.

[68] DUNN C, RIFE D. Comments on Distortion immunity of MLS-derived impulse response measurements[J]. Audio Eng. Soc., 1994, 42: 490 ~ 497.

[69] D D Rife, J Vanderkooy. Transfer-Function Measurement with Maximum-Length Sequences[J]. Audio Eng. Soc., 1989(37): 419 ~ 444.

[70] 张贤达. 时间序列分析-高阶统计量方法[M]. 北京：清华大学出版社，1996.

[71] Jiang Xiaoyun, Yang Chunhua. Study of Linear Impurse Response MeasUrement Using M-Sequence in Strong Nonlinearity[C]. ICBECS2010, IEEE proceed.

[72] N Kolokotronis, G Gatt N Kalouptsidis. On the Generation of Sequences Simulating Higher Order White Noise for System Identification[J]. Signal Processing 2004(84): 833 ~ 852.

[73] Dilip V Sarwate, Michael B Pursley. Crosscorrelation Properties of Pseudorandom and Related Sequences[J]. Proceedings of the IEEE, 1980, 68(5): 593 ~ 719.

[74] Solomon W Golomb, Guang Gong. Investigation of Binary Sequences with the "Trino-

mial Property" [C]. ISIT 1998, Cambridge. MA. USA: 130 ~ 150.

[75] Solomon W Golomb, Guang Gong. Investigation of Binary Sequences with the "Trinomial Property" [J]. IEEE TRANSACTIONS ON INFORMATION THEORY, 1999, 45(4): 1276 ~ 1279.

[76] 俎云霄,汪芙平,王赞基. m 序列的三阶相关函数及其峰值特性[J]. 天津:天津大学学报,2004,37(9),836 ~ 841.

[77] 吴硕贤,赵越喆. 室内声学与环境声学[M]. 广州:广东科技出版社,2003.

[78] H A Barker, K R Godfrey, A H Tan. Identification of Systems with direction-dependent dynamics[C]. 39th IEEE Conf. Decision Control (CDC 2000), Sydney, Australia, 2000: 2843 ~ 2848.

[79] Ai Hui Tan, Keith R Godfrey. The Generation of Binary and Near-Binary Pseudorandom Signals: An Overview [J]. IEEE TRANSACTIONS ON INSTRUMENTATION AND MEASUREMENT, 2002, 51(4): 583 ~ 588.

[80] Cooley J W, Tukey J W, An Algorithm for the Machine Computation of Complex Fourier Series[J]. Mathematics of Computation, 1965, 19: 297 ~ 301.

[81] 丁玉美,高西全. 数字信号处理[M]. 西安:西安电子科技大学出版社,2001.

[82] 胡广书. 数字信号处理——理论、算法与实现[M]. 北京:清华大学出版社,1997.

[83] A Fertner. "Computationally efficient methods for analysis and synthesis of real signals using FFT and IFFT" [J]. IEEE Trans. Signal Processing, 1999, 47: 1061 ~ 1064.

[84] 蒋长锦,蒋勇. 快速傅里叶变换及其C程序[M]. 合肥:中国科学技术大学出版社,2004.

[85] 陈昌灵. 数字信号处理[M]. 上海:华东师范大学出版社,1993.

[86] 王冰,申卫昌,田来科,等. 快速傅里叶变换 Cooley-Tukey 算法补零问题[J]. 西北大学学报(自然科学版),2004,34(1):31 ~ 33.

[87] S Winograd. On Computing the Discrete Fourier Transform [J]. Proc. Nat. Acad. Sci. USA, 1976, 73: 1005 ~ 1006.

[88] S Winograd. Some Bilinear Forms Whose Multiplicative Complexity Depends on the Field of Constants[J]. Math. systems theory, 1977, 10(2): 169 ~ 180.

[89] S Winograd. Signal Processing and Complexity of Computation[C]. IEEE Int. Conf. ASSP, Denver, Co., 1980: 94 ~ 101.

[90] Auslander L, Feyg E, Winograd S. The Multiplicative Complexity of the Descrete Fourier Transform[J]. Adv. Appl. Math., 1984, 5: 87 ~ 109.

[91] D W Tufts, G Sadasiv. The Arithmetic Fourier Transform [J]. IEEE ASSP Mag., 1988, 5(1): 13 ~ 17.

[92] I S Reed, Ming Tang Shih, T K Truong, etc. A VLSI Architecture for Simplified Arithmetic Fourier Transform Algorithm [J]. IEEE Trans. Signal Processing, 1993, 40(5): 1122 ~ 1132.

[93] D W Tufts, G Sadasiv. The Arithmetic Fourier Transform [J]. IEEE ASSP Mag., 1988: 13 ~ 18.

[94] 张彦仲，沈乃汉．快速傅里叶变换及沃尔什变换[M]．北京：航空工业出版社，1989.

[95] J N Daigle, N Xiang. An FFT-Based Algorithm for Acoustic Measurements Using Coded Signals [C]. Proceedings of the International Congress on Acoustics IV [C]. Japan: Science Council of Japan, 2004: 2989 ~ 2992.

[96] R Gold. Optimal Binary Sequences for Spread Spectrum Multiplexing [J]. IEEE Trans. Inform. Theory, 1967(13): 619 ~ 621.

[97] R Gold. Maximal Recursive Sequences with 3-valued Recursive Crosscorrelation functions [J]. IEEE Trans. Inform. 1968: 154 ~ 156.

[98] D V Sarwate, M B Pursley. Crosscorrelation Properties of Pseudorandom and Related Sequences [J]. Proc. IEEE 1980(68): 593 ~ 619.

[99] 杨春花，黄翔东，李文元．运用Gold伪随机序列测量LTI系统的脉冲响应[J]．电子测量与仪器学报，2006，20(5)：81 ~ 84.

[100] 杨春花，李文元，王兆华．戈尔德（gold）序列在声学多输入多输出系统测量中的应用[J]．声学技术，2006，25(4)：341 ~ 345.